4차 산업혁명 시대, 스마트공장 구축을 위한

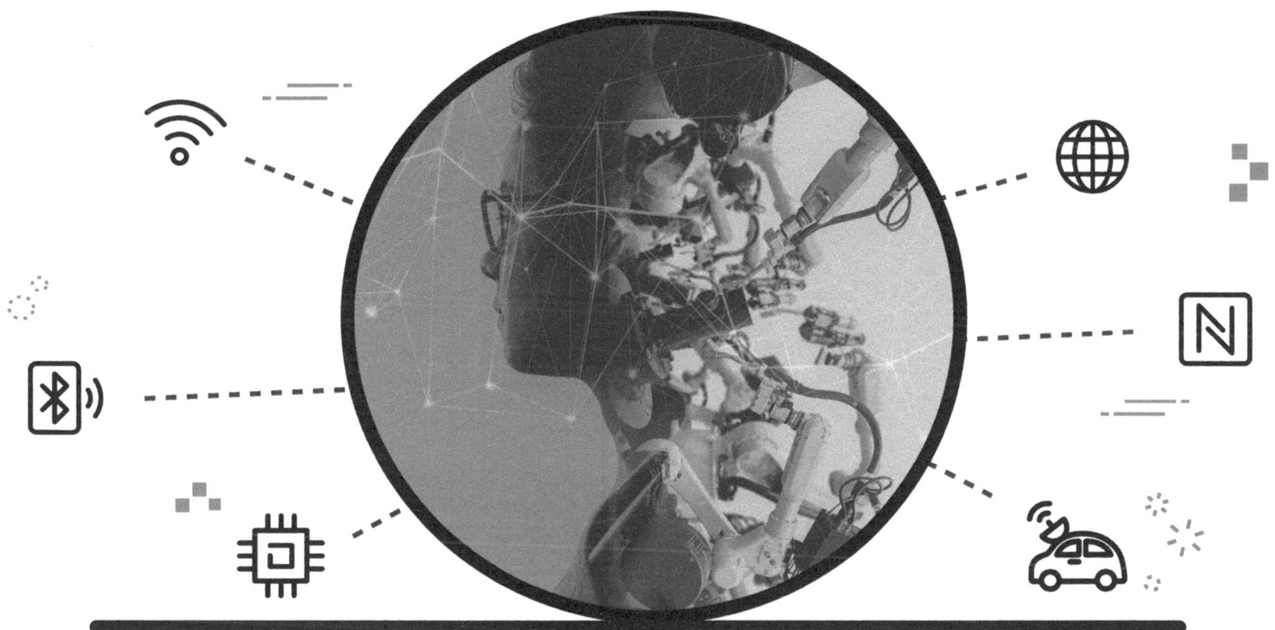

김성곤·한정란·유재길 공저

스마트제조&
공정시스템

(시스템 구성에서부터 X-SCADA 활용까지)

光文閣
www.kwangmoonkag.co.kr

4차 산업혁명 시대의 제조업은 스마트팩토리로 발전되고 있다. 제조 과정에 인공지능(AI), 사물인터넷(IoT), 가상 물리 시스템(CPS) 등의 기술이 적용되면서 설비와 생산관리를 통해 불량률을 낮추고 품질 향상으로 제품의 경쟁력을 높임으로써 기업과 국가의 발전에 영향을 주고 있다. 우리나라의 스마트팩토리는 2015년경부터 국가 주도로 중소기업의 경쟁력 향상을 위해 도입되고 있으며 최근에는 인공지능 기술을 적용시킨 제조지능으로 발전되고 있다.

이처럼 제조지능 기반의 스마트팩토리는 제조 과정에서 발생하는 많고 다양한 정보(데이터)의 분석을 통해 수요를 예측하고 공정을 최적화하게 된다. 이러한 과정을 학습하기 위해 스마트공장 생산공정으로 구성된 연구장비와 응용 소프트웨어인 생산 일정 계획(APS), 제조 실행(MES), 재고관리(MCS)를 시스템으로 구성하였다.

이 교재는 스마트공장 생산공정을 테스트하기 위한 연구 장비를 운용 및 제어하기 위해 필요한 기술들과 실습 과제로 구성하여 스마트팩토리의 현장을 쉽게 이해할 수 있도록 초점을 맞추었다.

1장 시스템 구성에서는 스마트제조와 스마트팩토리를 이해하고 시스템의 공정 프로세스를 디바이스와 응용 애플리케이션으로 나눠서 알아보고, 2장 시스템 구동은 서버, 데이터베이스, 네트워크에 대해 살펴봤다. 3장 시스템 제어에서는 PLC와 SCADA의 사용 방법에 대해서 설명하였다.

마지막으로 이 교재를 통해 스마트제조를 이해하고 여기에 필요한 다양한 기술들을 활용하고 적용시킬 수 있는 능력을 키우는 데 도움이 되길 바라며, 변화하는 사회에서 유능한 역량을 갖춘 전문가로 거듭나길 바란다.

저자 일동

목차

PART I 시스템 구성

단원 소개

시스템(system)의 사전적 정의는 중앙처리장치, 기억 장치, 입출력 장치, 통신 회선 등의 유기적 결합을 의미하며, 제조에서 하드웨어와 소프트웨어가 결합된 형태를 지칭하는 용어로 사용되고 있다. 스마트제조 공정 시스템은 4개의 워크스테이션과 로봇, PLC, 서버 등의 하드웨어와 APS, MES 등의 소프트웨어로 구성되어 있으며 두 개는 통신 회선과 프로토콜로 연동되고 있다.

이번 단원에서는 스마트제조에 대해 이해하고 공정 시스템과 공정 프로세스에 대해 살펴본다.

CHAPTER 01

4차 산업혁명 시대, 스마트공장 구축을 위한 스마트제조 & 공정 시스템

시스템의 이해

학습 목표

1. 스마트제조에 대해 이해하고 설명할 수 있다.
2. 스마트공장을 설명할 수 있다.
3. 스마트팩토리의 수준별 정의를 이해하고 설명할 수 있다.

1. 스마트제조의 이해

산업 현장에선 흔히 생산(production)과 제조(manufacturing)라는 용어를 특별한 의미 차이를 두지 않고 언어 습관에 따라 혼용해서 쓰고 있다. 따라서 생산관리와 제조관리, 생산공정과 제조공정, 생산 지원 시스템과 제조 지원 시스템 등과 같이 각 용어가 같은 뜻으로 사용되기도 하고, 현장에서 사용되는 습관에 따라 다른 의미로 사용되기도 한다.

국제적으로는 생산이 제조보다 일반적 의미로 쓰인다. 제조는 공작기계와 공정 절차를 통해 원료를 가공하여 가시적 형태의 제품을 만드는 것을 말하고, 생산은 어떤 과정을 거쳐서 결과를 만들어 내는 모든 행위를 말한다. 즉 제조는 항상 유형의 결과를 도출하고, 생산은 유형 또는 무형의 결과를 도출한다는 것을 의미한다. 따라서 제조 행위는 생산과정과 결과를 항상 포함하지만, 생산은 제조 행위 없이도 수행될 수 있다.

이러한 두 용어를 산업 생산과 제조에서 명확하게 적용하기 위해, 생산은 산업 현장에서 어떤 업종의 사업 수단을 만드는 일반적 의미로 이해하고, 제조는 사업 수단을 실체적 형태로 만드는 행위로 구분하여야 한다. 따라서 생산관리는 제조를 포함하여 최종 산물을 만드는 데에 필요한 제반 사항들을 다룬다는 점에서 제조관리보다 더 적합한 용어라고 할 수 있고, 제조공정은 제품이 실제 제조되는 현장의 작업 절차와 운영을 의미한다는 뜻에서 생산공정보다 더 적합한 용어라고 할 수 있다.

이러한 제조 현장은 경영, 영업/수주, 제품 기획, 설계, 개발, 원부자재 구매, 제조, 품질검사, 재고관리, 출하 등 다양한 후방 산업군과 전방 산업군의 산업 활동을 통해 운영된다. 후방 산업군은 제품 원료가 되는 원부자재나 이를 위한 근본 물질을 만드는 제조에 근접한 산업군을 의미하고, 전방 산업군은 생산된 제품을 최종 소비자에게 판매하고, 제품의 수리, 폐기 및 재활용 등 고객에 근접해 있는 산업군을 말한다. 스마트제조를 위해서는 이러한 두 가지 산업군 전체에 대한 높은 수준의 지능화가 필요하다. 제조 지능화의 목적은 품질 향상, 적기 생산, 소비자 맞춤형 제품 설계 및 제조, 적정 재고관리, 에너지 소비 효율화 등으로 다양하며, 새로운 기술을 바탕으로 기존 생산 지원 시스템들의 기능 개선 또는 새로운 생산 지원 시스템과 기술로 실현할 수 있다.

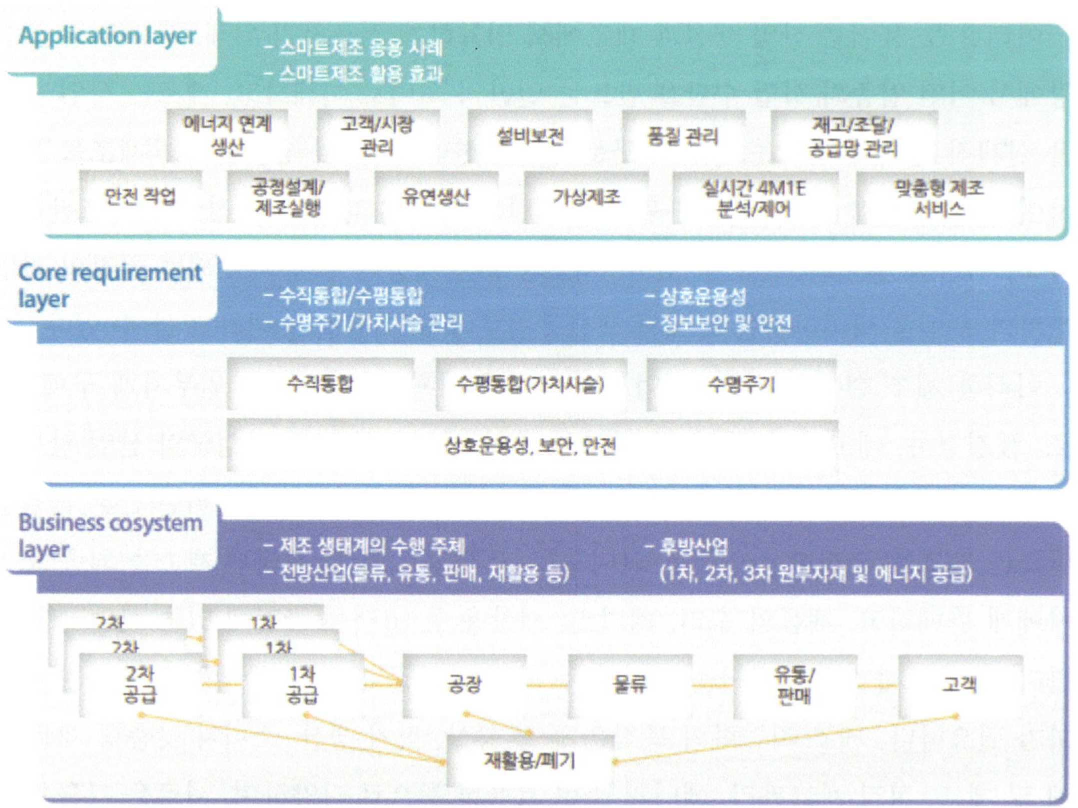

[그림 Ⅰ-1] 스마트제조 개요도(스마트제조 국제표준화 로드맵 2018, 국가기술표준원, 2018)

스마트제조 중 실질적으로 제품 생산과 연관이 있는, 즉 스마트공장과 관련된 기술 분야가 공정 모델 기술 분야다.

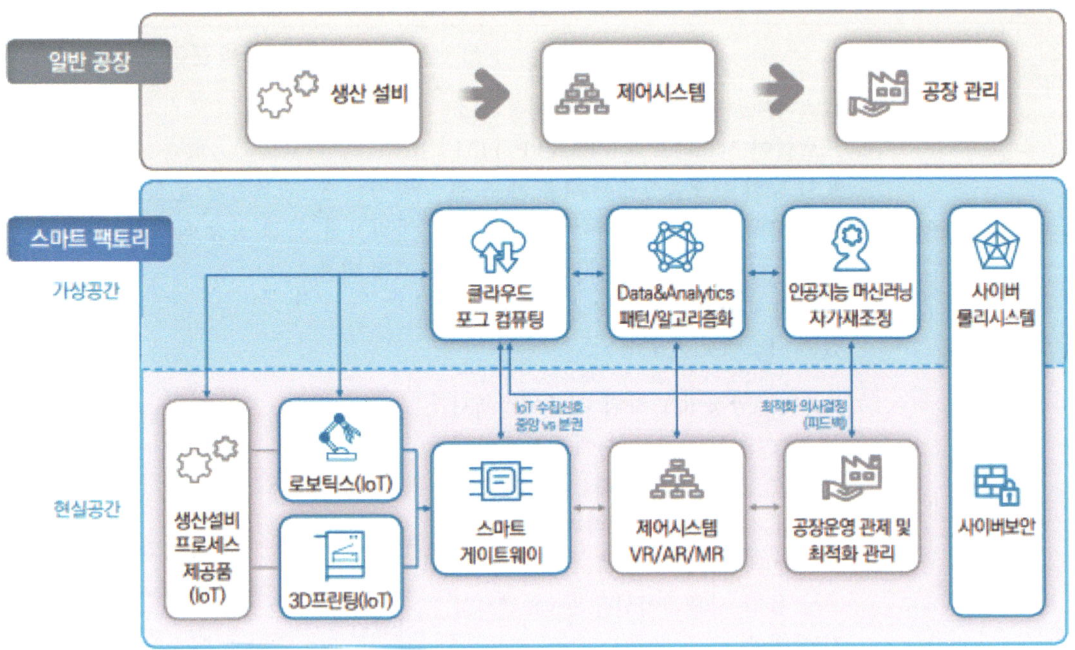

[그림 Ⅰ-2] 스마트공장 개념도(Samjong INSIGHT, Issue55, 2018)

스마트공장은 기존의 공장자동화(Factory Automation, FA) 수준을 넘어 소비자 중심의 지능화된 공장을 의미한다. 각 공정을 모듈화하여 한 생산라인에서도 소비자의 취향에 따라 유기적 및 능동적으로 다양한 맞춤형 제품 생산이 가능하다. 또한, 기존의 공장과 비교하여 가상공간 등을 통해 실시간으로 현장 및 품질을 관리/제어하며 에너지, 인력 등 자원 활용 면에서 효율을 향상시켜 결과적으로 생산 원가 하락을 통한 제품 경쟁력 강화를 기대할 수 있다.

[표 Ⅰ-1] 스마트공장 주요 기술

구분	정의	응용 분야
애플리케이션	ㅁ스마트공장 ICT 솔루션의 최상위 소프트웨어 시스템으로 MES, ERP, PLM, SCM 등의 플랫폼상에서 각종 제조 실행을 수행하는 애플리케이션 ㅁ애플리케이션은 디바이스에 의해 수집된 데이터 가시화 및 분석할 수 있는 시스템으로 구성	공정설계, 제조실행 분석, 품질분석, 설비보전, 안전/증감 작업, 유통/조달/고객 대응
플랫폼	ㅁ스마트공장 ICT 하위 디바이스에서 입수한 정보를 최상위 애플리케이션에 정보 전달 역할을 하는 중간 소프트웨어 시스템으로 디바이스에 의해 수집된 데이터를 분석하고, 모델링 및 가상 물리 시뮬레이션을 통해 최적화 정보 제공 ㅁ각종 생산 프로세스를 제어/관리하여 상위 애플리케이션과 연계할 수 있는 시스템으로 구성	생산 빅데이터 애널리틱스, 사이버 물리 기술, 클라우드 기술, Factory-Thing 자원관리
디바이스	ㅁ스마트공장 ICT 솔루션의 최하위 하드웨어 시스템으로 스마트 센서를 통해 위치, 환경 및 에너지를 감지하고 로봇을 통해 작업자 및 공작물의 위치를 인식하여 데이터를 플랫폼으로 전송할 수 있는 시스템으로 구성	컨트롤러, 로봇, 센서 등 물리적인 컴포넌트
제조 보안	ㅁ스마트공장이 디지털화되면서 연구개발 정보, 디자인, 제조 및 관리 관련 데이터뿐만 아니라 최말단의 다양한 센서, 액추에이터, 컨트롤러 등이 모두 네트워크에 연결되고 있음에 따라, 외부로부터의 사이버 공격이나 해킹이 가능해짐 ㅁ센서부터 애플리케이션까지 전 분야를 대상으로 각종 데이터, 시스템, 제조설비 등을 안전하게 보호할 수 있는 정보보호 및 산업기밀보호 기술과 대응 방안	MES, PLM, EMS 등 여러 애플리케이션의 소프트웨어 보안 및 시스템 보안, 산업기밀 데이터 보호 기술, 제조설비의 안전성 · 보안성 및 상호보안 인증 등

[자료] KATS 기술보고서(제78호-스마트공장 기술 및 표준화 동향), 국가기술표준원, 2015

① 응용 애플리케이션 기술

수집된 데이터를 가시화하거나 분석하여 품질 및 설비 보전/고도화, 통합 운영/관리 등에 사용되는 스마트공장 ICT 솔루션의 최상위 소프트웨어 프로그램

② 플랫폼 기술

제품 정보, 소비자 요구 사항, 공정 데이터 등 각종 데이터를 수집/저장/분석하는 빅데이터, AI 및 클라우드 등의 기술

③ 디바이스/네트워크 기술

사물인터넷을 이용하여 생산 정보를 실시간으로 수집하여 응용 애플리케이션으로 전송 또는 생태계의 각 가치사슬 및 디바이스와 공유하고 연동하며 응용 애플리케이션으로부터 계산/분석 결과를 받아 현장에 전달하는 기술

④ 제조보안 기술

스마트제조 가치사슬의 전반에 걸쳐 데이터를 보호하는 기술

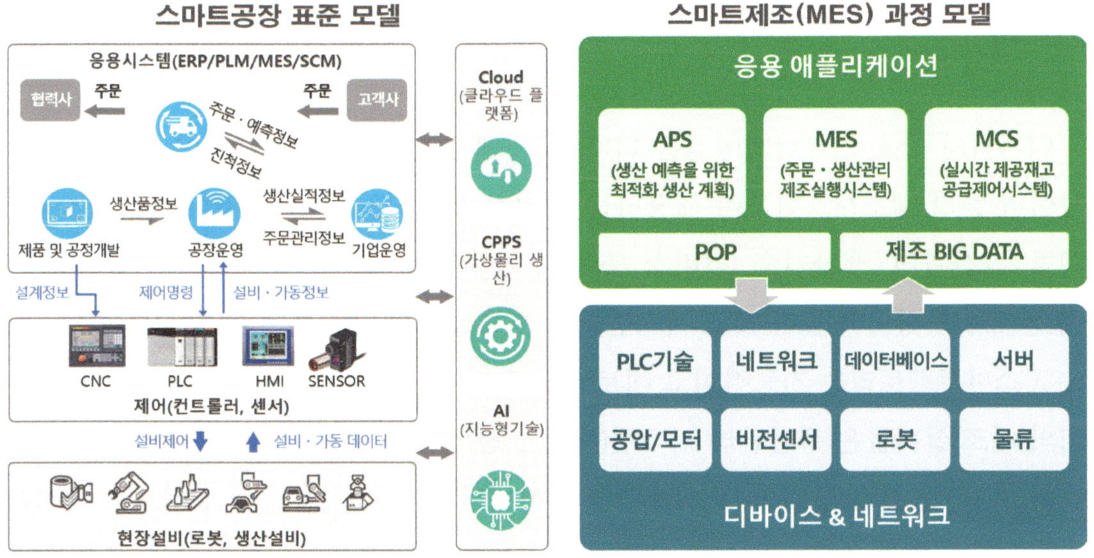

[그림 Ⅰ-3] 제조지능 기반의 스마트팩토리 시스템 구성도

2. 스마트팩토리의 이해

스마트팩토리는 제조 장비와 물류 시스템들이 인간의 개입 없이 폭넓게 자율적으로 조절되고 운용되는 공장이다. 스마트팩토리의 기술적인 기반은 사물인터넷의 도움으로 상호 커뮤니케이션하는 사이버 물리 시스템들이다. 이 미래 시나리오의 중요한 부분은 제품(혹은 재공품)이 제조 장비와 커뮤니케이션한다는 것이다. 제품은 자신의 제조 정보를 스스로 보유하고 제조 장비로 전달한다. 이 정보에 기반해 제조 공정과 제조 장비를 포함하는 제품의 다음 공정 흐름이 자율적으로 제어된다.

스마트팩토리 = 자율 운용 공장
= 사이버 물리 시스템들 + 상호 커뮤니케이션
(제품·설비 사이 및 수직·수평적 부문 사이)
= 물리적 객체 + 임베디드 시스템
+ 디지털 네트워크 + 자율 제어 및 기계학습 + 상호 커뮤니케이션

여기서의 상호 커뮤니케이션은 디바이스, 제조설비, 근로자와 같이 공장 내부의 사이버 물리 제조시스템들이 해당하는 수평적 부문에만 국한된 것이 아니다. 제품 개발, 생산관리, 생산기술, 서비스 등 가치 창출 사슬에 수직적으로 관련된 부문들에 산재하는 사이버 물리 제조 시스템들을 포함하는 개념이다.

"스마트팩토리는 지능적이고 네트워크로 연결된 공장의 개념을 나타낸다. 공장 내의 제조 설비들은 생산관리 시스템(MES), 전사적 자원관리 시스템(ERP), 공급망 관리(SCM)와 같은 상위의 IT 시스템뿐만 아니라 스마트 제품과 직접적으로 통신한다. 모든 제조 프로세스의 상호 연결과 자율적인 조정을 통해 가치 창출 사슬 전체의 디지털화가 폭넓게 구현된다."

이러한 개념에 따르면, 스마트팩토리는 공장 레벨에서의 임무에만 국한된 것이 아니라 제조 기업에서의 전체 가치 창출 사슬의 디지털화로 확대되고 있다. 그것은 마케팅으로부터 시작해 제품의 개발과 구성, 공정 계획, 생산, 영업과 사용, 폐기와 리사이클링을 포함한다.

① 자율화

스마트팩토리된 제조 기업의 공장은 극도의 자율 조직화와 자율 최적화 특성을 갖게 된다.

② 분권화

자율화는 필연적으로 분권화를 동반한다. 스마트팩토리의 자율적인 구성 요소들은 중앙집중 서버로부터 정해진 실행 명령을 절대적으로 수행하는 것을 거부한다.

③ 디지털화

스마트팩토리를 구성하는 가장 중요한 요소인 사이버 물리 시스템은 가상의 시스템이 물리적 시스템을 완전하게 표현할 수 있는 수준에 근접한 모델과 데이터를 가질 때 성립된다.

④ 네트워크화

사물인터넷의 구현을 통해 사람과 기계와 자재와 제품은 모두 네트워크로 연결된다.

⑤ 모듈화와 표준화

지능형 기계, 제품, 주변 장치들은 모두 모듈화되어 환경 변화에 맞춰 유연한 조합이 가능하도록 변화될 것이다.

⑥ 수직 협업

사이버 물리 제조 시스템들은 공장 및 기업 내의 여러 가지 비즈니스 프로세스들과 수직적으로 연결되고 분산된 다른 사이버 물리 제조 시스템들과 수평적으로 연결된다.

스마트팩토리를 실현 가능하게 해주는 3대 신기술은 사이버 물리 제조 시스템, 사물인터넷, 빅데이터이다. 이들은 다시 스마트 센서, 인공지능, 무선통신, 증강현실, 자율 협동 로봇과 같은 세부적인 요소기술들에 기반하고 있다. 사이버 물리 제조 시스템을 포함해 주요한 10가지 요소기술에 대해 스마트팩토리 관점에서 간략하게 소개한다. 모든 제조업이 이들 요소기술들을 모두 갖출 필요는 없고 각각의 수준과 환경에 맞춰 조합해 적용할 필요가 있다.

(1) 스마트팩토리의 수준별 정의

기존의 제조 현장에서 스마트팩토리를 구축한다면 어떤 단계로 진행되어야 하는지 가이드가 제시되어 있다. 스마트공장 추진단에서는 [표 Ⅰ-2]과 같이 5단계로 구분한다.

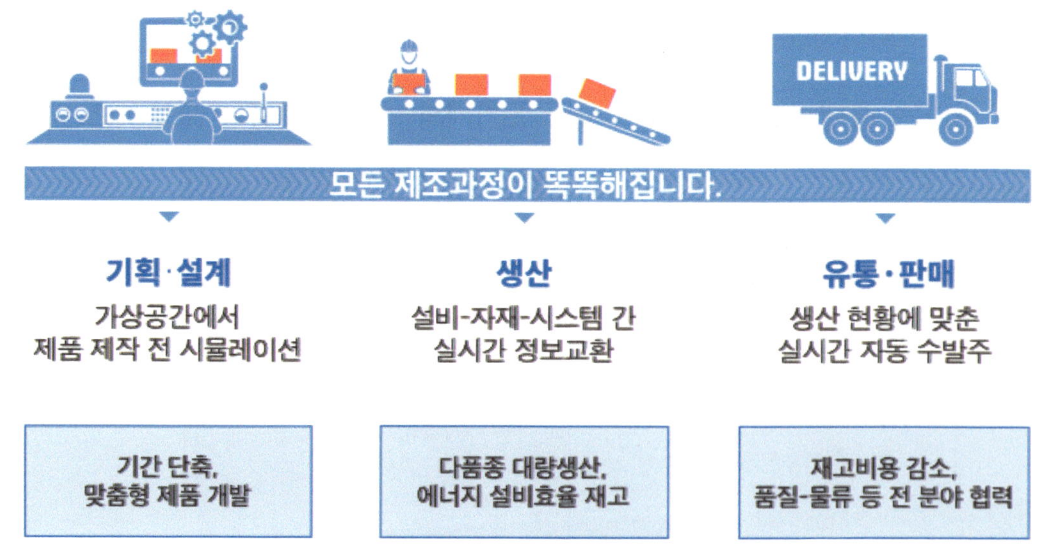

[그림 Ⅰ-4] 스마트공장 개념도

[표 Ⅰ-2] 스마트공장 수준 총괄도

<table>
<tr><th>구 분</th><th>현장 자동화</th><th>공장 운영</th><th>기업자원
관리</th><th>제품 개발</th><th>공급 사슬
관리</th></tr>
<tr><td rowspan="2">고도화</td><td colspan="4">IoT/IoS기반의 CPS화</td><td rowspan="2">인터넷 공간 상의
비즈니스
CPS 네트워크 협업</td></tr>
<tr><td>IoT/IoS화</td><td colspan="2">IoT/IoS(모듈)화
빅데이터 기반의 진단 및 운영</td><td>빅데이터/설계·개
발 가상 시뮬레이
션/3D 프린팅</td></tr>
<tr><td>중간 수준2</td><td>설비 제어
자동화</td><td>실시간
공장 제어</td><td>공장 운영 통합</td><td>기준정보/기술정보
생성 및 연결 자동화</td><td>다품종
개발 협업</td></tr>
<tr><td>중간 수준1</td><td>설비 데이터
자동 집계</td><td>실시간
의사결정</td><td>기능 간 통합</td><td>기준정보/기술정보
개발 운영</td><td>다품종
생산 협업</td></tr>
<tr><td>기초 수준</td><td>실적 집계
자동화</td><td>공정 물류
관리(POP)</td><td>관리 기능 중심
기능 개별 운용</td><td>CAD 사용
프로젝트 관리</td><td>단일 모기업
의존</td></tr>
<tr><td>ICT 미적용</td><td>수작업</td><td>수작업</td><td>수작업</td><td>수작업</td><td>전화와 이메일 협업</td></tr>
</table>

1) 기초 수준

기초적인 ICT를 활용하여 생산 일부 분야의 정보를 수집·활용하고, 모기업 인프라 활용 등을 통하여 최소 비용으로 자사의 정보 시스템을 구축하는 수준이다.

[표 Ⅰ-3] 기초 수준 정의

구 분	수준의 정의
현장 자동화	ㅇ 생산 실적 정보를 집계할 수 있는 자동화 수준 - Lot별로 생산 시작 및 종료 시점 등의 기초적인 실적 정보를 집계하는 수준으로 바코드, Counter와 Timer 등의 기초 센서가 이용될 수 있음
공장 운영	ㅇ 공정물류관리(POP) 수준 - 자재와 제품 생산이력이 관리되고 역추적 가능(Lot-tracking) - 생산 실적관리 및 작업 지시
공급사슬관리	ㅇ 모기업의 IT 인프라를 활용하여 정보 공유 - 자기업은 자신의 시스템을 보유하지 않으며 모기업이 보유하는 시스템을 사용하여 모든 정보를 처리함
제품 개발	ㅇ 제품 개발 프로젝트 관리만 수행하는 수준(복수 프로젝트 관리 포함)
기업자원관리	ㅇ 수불 및 재고 정도 향상

2) 중간 수준1

설비 정보를 최대한 자동으로 획득하고 모기업과 고신뢰성 정보를 공유하여 기업 운영의 자동화를 지향하는 수준이다.

[표 Ⅰ-4] 중간 수준1 정의

구 분	수준의 정의
현장 자동화	○ 생산실적 정보 집계 자동화 ○ 계측 정보 집계 자동화 - 측정 센서(인장 강도, 정밀도, 온습도, 압력, 화학 측정 등)
공장 운영	○ 실시간 공장 운영 현황 분석 및 의사결정 - 공장 운영 상태 실시간 모니터링 - 실시간 공정 품질 분석/경고
공급사슬관리	○ 모기업과 영업, 생산, 품질정보 등을 공유하되 독자적으로 정보 시스템을 운영하는 독립형 협업
제품 개발	○ 제품 개발을 위한 기준 정보와 엔지니어링 정보를 생성하는 수준
기업자원관리	○ 공장 운영 시스템과 자동 생산 계획의 연계 ○ 계획과 원가의 정도 향상

3) 중간 수준2

모기업과 공급사슬 관련 정보 및 엔지니어링 정보를 공유하며, 글로벌 계획 최적화와 제어 자동화를 기반으로 Real-time Enterprise를 달성하는 수준이다.

[표 Ⅰ-5] 중간 수준2 정의

구 분	수준의 정의
현장 자동화	○ 생산실적 및 계측 정보 집계 자동화 ○ 설비 제어 자동화 - CAD/CAE/CAMAD/CAE/CAM 운영 - 레시피 생성 및 PLCLC 제어 생산실적 및 계측 정보 집계 자동화 ○ 설비 제어 자동화 - C 운영 - 레시피 생성 및 P 제어
공장 운영	○ 공장 운영 제어 기반의 공장 운영 최적화 ○ 실시간 스케줄링/의사결정 ○ 주기적 분석 및 피드백을 통한 가치 창출형 공장 경영
공급사슬관리	○ 모기업과 영업, 생산, 품질 정보와 제품개발 정보를 공유하되 독자적으로 정보 시스템을 운영하는 독립형 협업
제품 개발	○ 제품 개발을 위한 기준 정보와 엔지니어링 정보가 스마트공장과 자동적으로 연동되어 추가 작업이 필요치 않고 일관성 있게 자동화를 지향하는 수준
기업자원관리	○ 제품 개발 시스템 연계 ○ KPI 개발 운영 ○ 대시보드를 이용한 눈으로 보는 경영

4) 고도화 수준

사물과 서비스를 IoT/IoS화하여 사물, 서비스, 비즈니스 모듈 간의 실시간 대화 체제를 구축하고 사이버 공간상에서 비즈니스를 실현하는 수준이다.

[표 Ⅰ-6] 고도화 수준 정의

<table>
<tr><th>구분</th><th>수준의 정의</th></tr>
<tr><td>현장 자동화</td><td>ㅇ설비, 자재 등의 사물에 고유식별자를 부여하고 이들의 활동을 식별함
ㅇ인터넷(IP)을 이용한 사물 식별 및 사물 간의 대화를 통해 자동화 구현</td></tr>
<tr><td>공장 운영</td><td rowspan="3">ㅇ가상 물리 시스템 공장 구현
- 공장의 모듈화 및 IoT화
- IoT화된 설비/자재/공정/활동/공장의 식별 및 IP를 이용한 사물 간 대화
- IP를 이용한 가상 환경하에서 공장 운영
ㅇ 빅데이터를 이용한 기업 진단 및 운영 최적화
ㅇ 빅데이터를 이용한 시장 동향 분석 및 신제품 개발 활용
ㅇ 단일화된 기업 경영 시스템 기업자원관리 제품 개발
ㅇ 가상 물리 시스템 공장 구현
- 공장의 모듈화 및 IoT화
- IoT화된 설비/자재/공정/활동/공장의 식별 및 IP를 이용한 사물 간 대화
- IP를 이용한 가상 환경하에서 공장 운영
ㅇ 빅데이터를 이용한 기업 진단 및 운영 최적화
ㅇ 빅데이터를 이용한 시장 동향 분석 및 신제품 개발 활용
ㅇ 단일화된 기업 경영 시스템 기업자원관리 제품 개발
ㅇ 가상 물리 시스템 공장 구현
- 공장의 모듈화 및 IoT화
- IoT화된 설비/자재/공정/활동/공장의 식별 및 IP를 이용한 사물 간 대화
- IP를 이용한 가상 환경하에서 공장 운영
ㅇ 빅데이터를 이용한 기업 진단 및 운영 최적화
ㅇ 빅데이터를 이용한 시장 동향 분석 및 신제품 개발 활용
ㅇ 단일화된 기업 경영 시스템 기업자원관리 제품 개발</td></tr>
<tr><td>기업자원관리</td></tr>
<tr><td>제품 개발</td></tr>
<tr><td>공급사슬관리</td><td>ㅇ 가상 물리 시스템 기반의 협업
- IoT와 IoS를 통한 설비, 공정, 공장 등의 자유로운 선택 및 비즈니스 활동
ㅇ 제품 개발부터 완제품까지, 자재 구매에서부터 유통까지, 생산에서부터 폐기까지 인터넷 공간상의 경영</td></tr>
</table>

(2) 국내 스마트공장 주요 기술 및 제품

① LS산전

ICT와 자동화 기술 융합을 통해 다품종 대량 생산은 물론 맞춤형 소량 다품종 생산도 가능한 시스템 구현하고 공장 자동화 시스템과 스마트 그리드 기술을 융합하여 에너지 최적화를 위한 통합·제어·관리 시스템 도입

자동화 솔루션, 전력 솔루션, 드라이브 솔루션 등 산업용 제어 기반 사업영역 커버, 각종 단위 기계에서 대규모 프로세스제어까지 다양한 산업 현장 솔루션 제공

② LG CNS

LG 그룹사 및 외부 IT 서비스 및 컨설팅 서비스 제공하고 있으며, 특히 MES와 같은 소프트웨어나 공정설계 서비스와 같이 공장 전반적인 솔루션 제공

③ 포스코

RFID/GPS 기반 물류 체계를 구축했으나 협력 업체들의 비용 부담으로 인해 전체 협력 업체로의 확산은 부족한 상황이며 스마트공장 구축을 위한 ICT 요소 기술 적용 시도

포스코 스마트팩토리 플랫폼 '포스프레임'에 GE의 스마트팩토리 솔루션인 '설비자산 성과관리 솔루션(APM)'을 결합함으로써 제철 설비에 최적화된 스마트팩토리 플랫폼인 '포스프레임 플러스(PosFrame+)'을 공동으로 개발할 계획

④ 삼성전자

사물인터넷을 제조업에 접목해 융 · 복합 발전의 협업을 추진하는 연합체 두 곳(OPC 재단 · 엣지X 파운드리)에 가입 및 내외부적으로 구축 사례를 쌓으면서 GE 및 지멘스처럼 종합 플랫폼을 완성 및 확산할 계획임.

⑤ 삼성SDS

삼성그룹 계열의 ICT 기업으로 미라콤아이앤씨를 인수하여 MES뿐 아니라 설비 자동화, 공장 모니터링, 제조 품질관리, 생산 스케줄링 등 다양한 솔루션 제공

⑥ 현대위아

현대자동차그룹의 공작기계 제조회사로 지멘스와 협력하여 만든 스마트 공장 솔루션(HYUNDAI I-TROL)을 통해 제품 설계부터 3D 시뮬레이션 결과물 확인 가능

⑦ SK C&C

SKALA를 통해 제어, IoT, Big Data 플랫폼을 제공하고 있으며 해당 플랫폼을 통해 라인 설계, 기구 설계, 공정 설계, 빅데이터 분석 등의 솔루션 보유

⑧ 에이시에스

실시간 생산 정보화를 위한 컨설팅 및 시스템 통합을 제공하며 MES 같은 솔루션부터 IoT 센서 및 디바이스까지 공장 전반에 걸쳐 하드웨어, 미들웨어 및 IT 서비스를 폭넓게 제공

⑨ 유노믹

OMA DM 기술을 중심으로 다양한 솔루션을 제공하며, 2011년부터 국내 공작기계 제조사와 함께 모바일 기반의 공작기계 제어 소프트웨어를 개발하였고, 2013년부터 북미 표준 제조 기술 규격인 MTConnect 및 OPC UA를 중심으로 공작기계 모니터링 시스템을 개발

⑩ 에임시스템

반도체, 태양광, 자동차/기계, 화학/전자재료 등 다양한 분야의 생산 정보 시스템을 구축하였으며 공장 · 장비 자동화를 위한 MES 및 제어 솔루션을 보유

⑪ 엑센솔루션

자동차 부품, 반도체, 중공업, 기계, 식품, 제약 등 다양한 제조업을 대상으로 MES Master Plan 컨설팅 서비스 및 제조 시스템 구축 서비스 제공

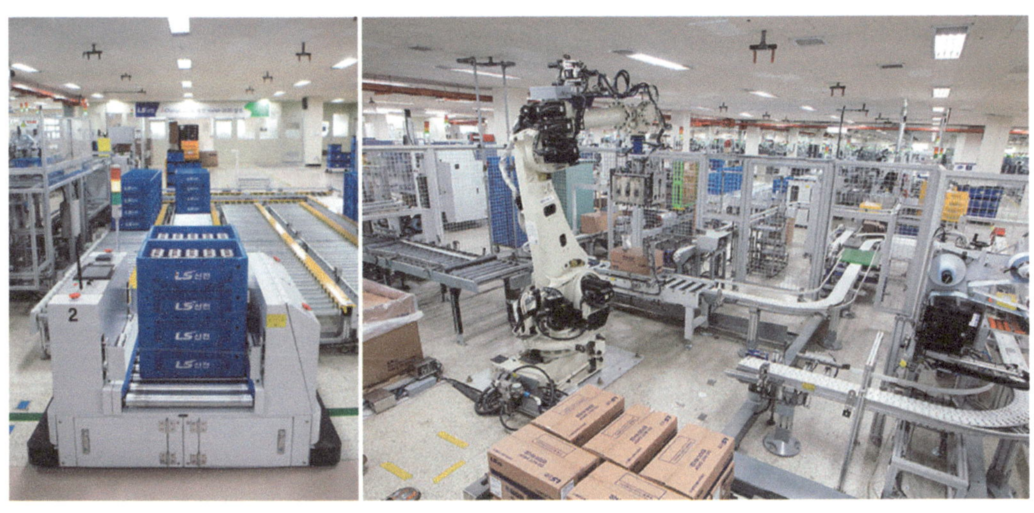

[그림 Ⅰ-5] 자동화률 100% 생산라인 전경

CHAPTER 02

4차 산업혁명 시대, 스마트공장 구축을 위한 스마트제조 & 공정 시스템

공정 프로세스 이해

학습 목표

1. 공정 프로세스의 주요 구성을 이해하고 설명할 수 있다.
2. 디바이스 구성을 이해하고 설명할 수 있다.
3. 응용 애플리케이션의 종류별 특징을 이해하고 설명할 수 있다.

공정의 구성을 하드웨어와 소프트웨어로 나눠보면 하드웨어는 디바이스와 네트워크로, 소프트웨어는 응용 애플리케이션으로 구분할 수 있다.

제조지능 기반의 스마트팩토리 시스템에서의 가장 큰 특징은 생산 예측을 위해 최적화된 결과를 실제 디바이스에 적용해 봄으로써 계산상의 값과 실제 물리적 환경에서의 결과 비교를 통해 현장 적용에 필요한 캘리브레이션(보정)을 실험 실습해 볼 수 있다는 것이다.

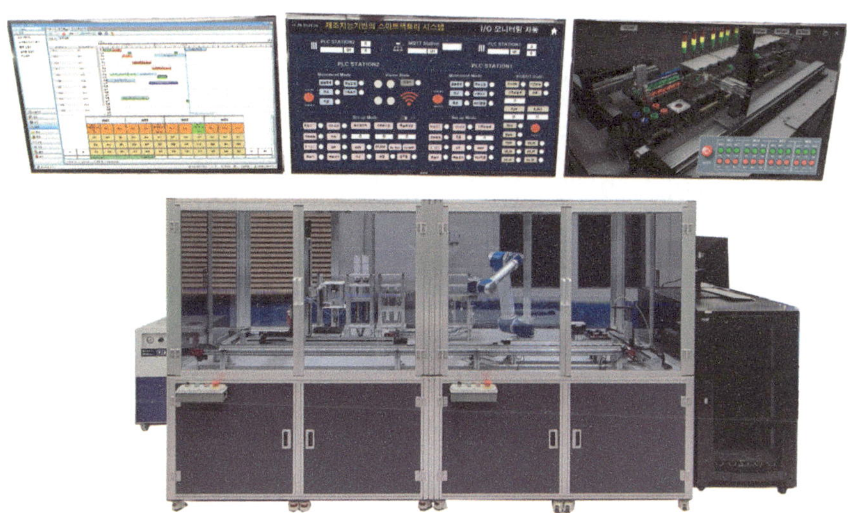

[그림 Ⅰ-6] 제조지능 기반의 스마트팩토리 시스템 사진

디바이스는 공압/모터 등의 액추에이터와 비전 등의 센서, 로봇, 컨베이어를 이용한 물류 등으로 구성되고 디바이스의 상태 데이터는 네트워크를 통해 데이터베이스에 저장된다.

데이터베이스는 서버 컴퓨터에서 DBMS로 관리되고 백업된다.

응용 애플리케이션을 이루고 있는 다양한 소프트웨어들은 데이터베이스에서 필요한 데이터를 확보하고 재가공되어 시각화된다.

1. 디바이스

전체 시스템 구성과 디바이스를 살펴보면 [그림 Ⅰ-6]와 같이 가운데 영역을 중심으로 윗부분이 디바이스, 아랫부분이 전장과 네트워크로 구성되어 있다.

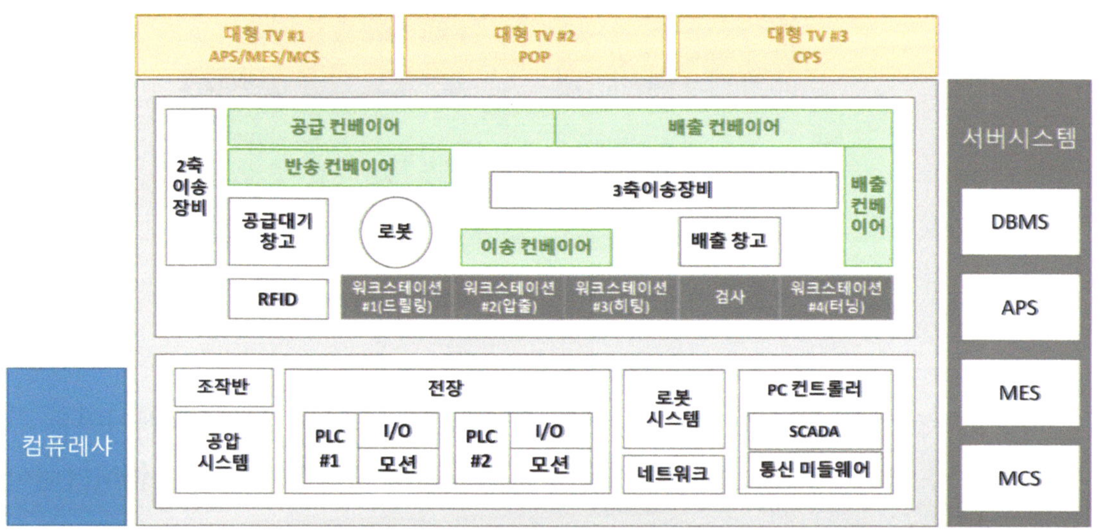

[그림 Ⅰ-6] 제조지능 기반의 스마트팩토리 시스템 구성도

(1) 컨베이어 시스템

컨베이어 시스템(conveyor system)은 한 지점에서 다른 지점으로 물건 또는 소재를 운반하는 기계적 장치를 말한다. 포드 자동차에 의해 1913년 최초로 도입된 이래로 재료·제품·물 등을 동력에 의하여 자동으로 연속 운반하는 것으로써 대량생산에 필수적인 요소로 활용되고 있다.

시스템에는 공급, 반송, 이송, 배출의 역할을 하는 4개의 컨베이어가 구성되어 있다.

각각의 컨베이어에 대해서 하나씩 살펴보도록 한다.

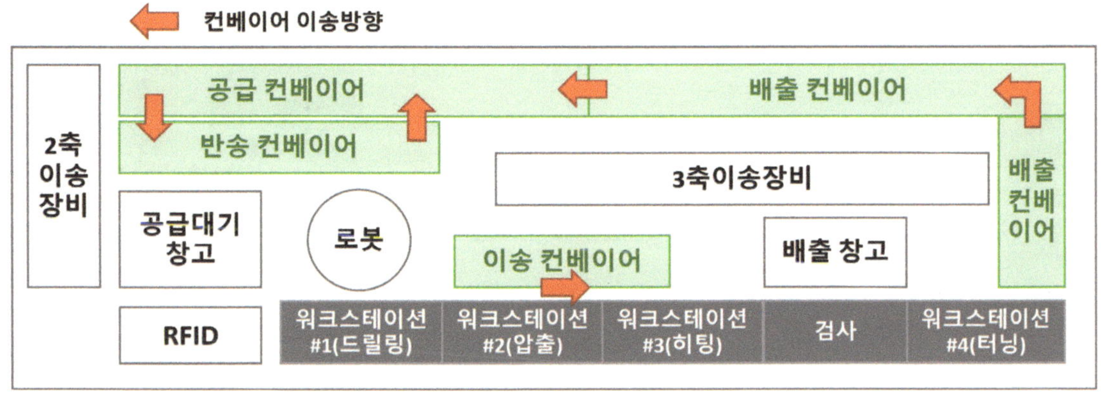

[그림 Ⅰ-7] 컨베이어별 이송 방향

먼저 공급 컨베이어는 6개의 원자재를 혼류 형태로 공급한다.

공급 컨베이어 옆에 함께 놓여 있는 반송 컨베이어는 공급대기 창고에 공급해야 할 위치가 채워져 있으면 반송시킨다.

반송 컨베이어의 원자재는 로봇이 다시 공급 컨베이어로 이동시킨다.

공급 컨베이어 끝단에는 2개의 센서가 있다.

물체 유무 판단을 위한 센서와 금속과 비금속을 판단하는 센서가 원자재의 데이터를 처리하게 된다.

공급 및 배출 컨베이어에 있는 광화이버 센서가 원자재의 공급 수량과 이동 여부를 수시로 확인하여 데이터를 처리한다.

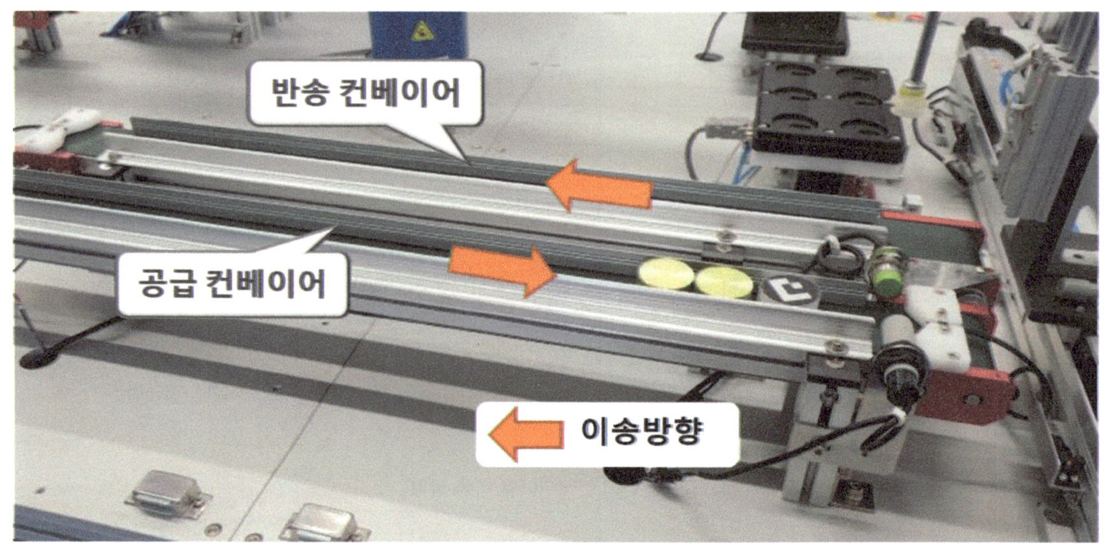

[그림 Ⅰ-8] 공급 및 반송 컨베이어

이송 컨베이어는 모듈1과 모듈2의 연결 컨베이어로 모듈1에 구성된 워크스테이션#1에 구성된 드릴링 머신이 외에 모듈2에 구성된 워크스테이션으로 작업 지시가 내려오거나 워크스테이션#1이 끝나거나 2차 가공이 필요할 경우에 이송하게 된다.

배출 컨베이어는 작업이 모두 완료되어 배출 버퍼를 지난 경우 다시 공급 컨베이어로 보내기 위한 역할을 한다.

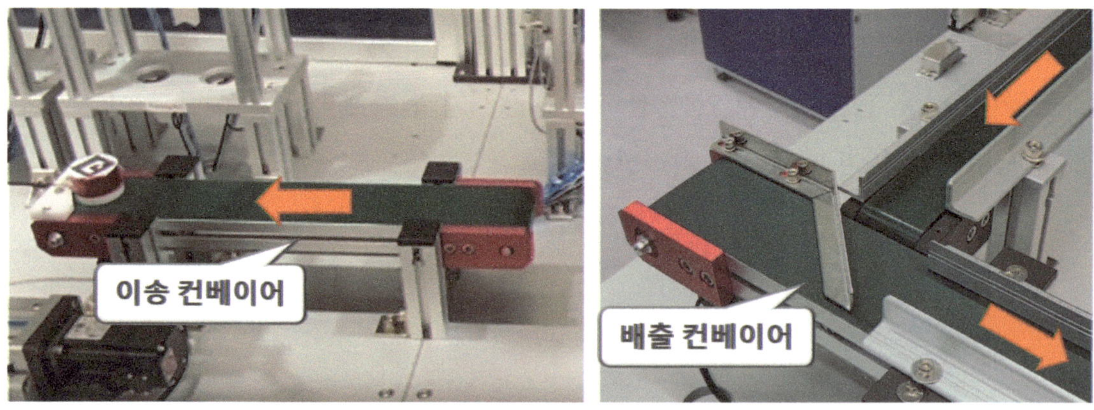

[그림 Ⅰ-9] 이송 및 배출 컨베이어

① 밸트 또는 체인 컨베이어

본 시스템에서 사용되고 있는 것은 밸트 컨베이어로 고무 재질의 마찰면이 안정적으로 이송해 준다는 특징이 있으나 반복 사용 과정에서 밸트가 늘어지는 단점이 있어서 아이들러를 이용하여 장력을 조절해 주는 기구적 대안이 필요하다.

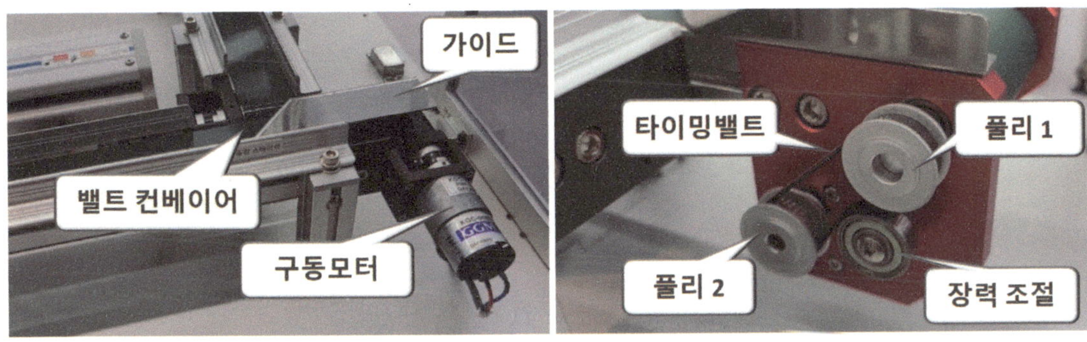

[그림 Ⅰ-10] 컨베이어 각부 명칭

② 롤러(roller) 컨베이어

자유롭게 회전이 가능한 여러 개의 롤러를 이용하여 물체를 운반하는 장치로 컨베이어 배치를 통해 쉽게 공급 방향을 바꿀 수 있는 특징이 있으며 각각의 롤러에 구동모터를 부착하면 제자리에서 돌거나 사방으로 방향을 전환시킬 수도 있다.

③ 버킷(bucket) 컨베이어

쇠사슬이나 밸트에 달린 버킷을 이용하여 물체를 낮은 곳에서 높은 곳으로 운반하는 컨베이어로 바구니에 담겨질 수 있는 물체를 움직일 때 활용된다.

④ 나사(screw) 컨베이어

나사를 회전시켜 물체를 이동시키는 컨베이어로 모래 등이 스크류 사이에 끼워져서 이동된다.

⑤ 트롤리(trolley) 컨베이어

공장 내의 천장에 설치된 레일 위를 이동하는 트롤리에 물건을 매달아서 운반하는 장치로 반도체 공장에서 많이 활용되고 있다.

보충학습

컨베이어 위험 요인 & 사고

설비 자동화와 무인화 등의 증설로 인해 컨베이어로 인한 사고의 건수 역시 증가되고 있는 추세이고, 특히 점검 중인 작업자가 컨베이어에 다치는 사고가 발생되므로 특히 주의가 필요하다.

- 컨베이어의 틈새에 작업복 등이 말려들어가 신체 일부가 끼임
- 정비 수리 작업 시 불시 작동이나 타 작업자의 오조작에 의한 재해
- 컨베이어의 적재물 떨어짐에 의한 위험
- 동력 전달부에 신체 일부나 작업복 등의 밀림으로 인한 재해

(2) 공급 대기 창고

원자재가 실제 공정에 투입되기 전 대기 창고(버퍼)의 역할을 한다.

여기서 버퍼(buffer)란 흐름 생산 방식에서 어떠한 공정에 문제가 발생하여 다음 공정으로 작업이 진행되지 못할 때(병목 공정) 문제가 발생된 공정 앞에 작업 물량을 충분히 쌓아 놓아 공정이 중단되더라도 작업이 진행될 수 있는 역할을 한다.

버퍼를 적절하게 활용하는 것은 프로세스 전체 흐름을 원활하게 유지하는 데 큰 도움이 되지만, 버퍼는 일종의 잉여 자산이므로 비용이 발생하게 된다. 하지만 비용 발생보다 생산 흐름의 중단으로 더 큰 손실이 발생한다면 버퍼의 역할이 필요하다.

전체 6개의 위치가 구성되어 있고 각 위치에는 센서가 부착되어 있어서 원자재가 있는지 없는지를 확인시켜 준다.

원자재는 3개 종류로 6개 유형으로 분류되어 적재되는데 생산 지시와 무관에서 지정된 위치에 원자재가 비워지게 되면 자동으로 채워진다.

1단과 2단의 위치는 이송 가이드가 부착된 실린더의 전·후진 동작으로 구동된다.

	1열	2열	3열
1단	SRC-C1	SRC-B1	SRC-A1
2단	SRC-C2	SRC-B2	SRC-A2

[그림 Ⅰ-11] SRC 컨베이어별 이송 방향

(3) 2축 이송 장비

서보 모터와 드라이버에는 버큠이 부착된 박형 실린더가 연결되어 있어서 공급 컨베이어의 원자재를 공급 대기 창고로 이동시킨다.

첫 번째 동작은 공급 컨베이어에 도착된 원자재의 검사 정보를 받아 비어 있는 공급 대기 창고로 이동시킨다.

처음 채워지는 순서는 SRC A1 → SRC B1 → SRC C1 → SRC A2 → SRC B2 → SRC C2이다.

두 번째 동작은 도착된 원자재의 공급 대기 창고 위치가 채워져 있으면 반송 컨베이어로 이동시킨다.

* 2축 이 송장비와 로봇은 동작 간의 간섭 우려가 있으므로 주의하여 제어한다.

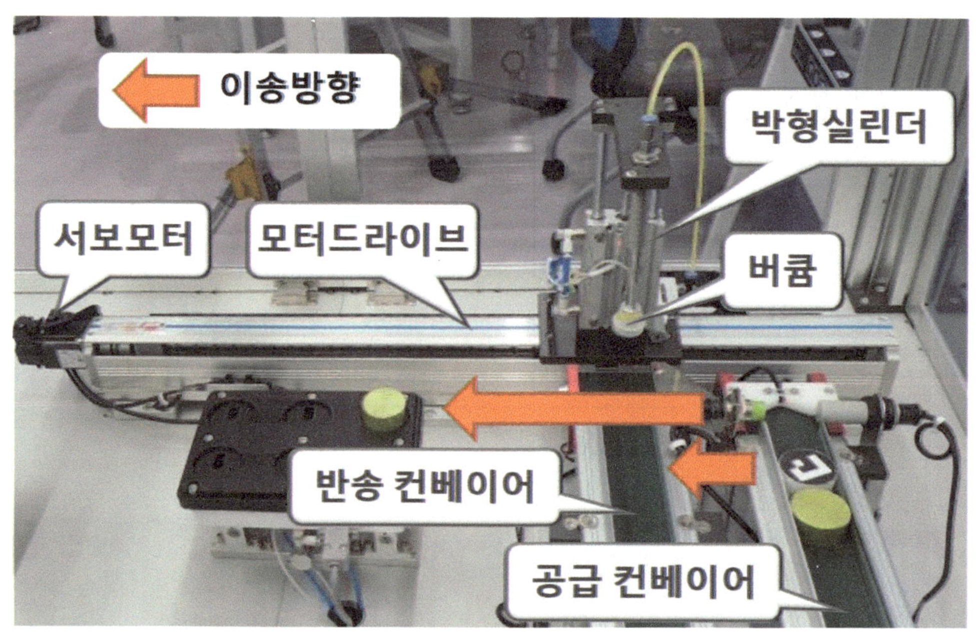

[그림 Ⅰ-12] 2축 이송 장비

(4) RFID 리더기

1) RFID 소개

RFID(Radio Frequency Identification)는 무선주파수(Radio Frequency)와 극소형 반도체 칩을 활용하여 식품, 동물, 식물, 사물 등의 정보를 관리할 수 있는 기술을 의미한다. 바코드는 정보를 수정할 수 없지만 RFID는 반도체로 만들어져 있으므로 저장된 정보를 수정하고 삭제할 수 있는 것이 장점이다.

RFID는 태그(tag)와 리더(reader) 간 데이터를 교환하는 방식이고 쓰기(write)로 3가지로 구성되는데 장착된 리더기는 읽고 쓰기가 함께 구성되어 있다.

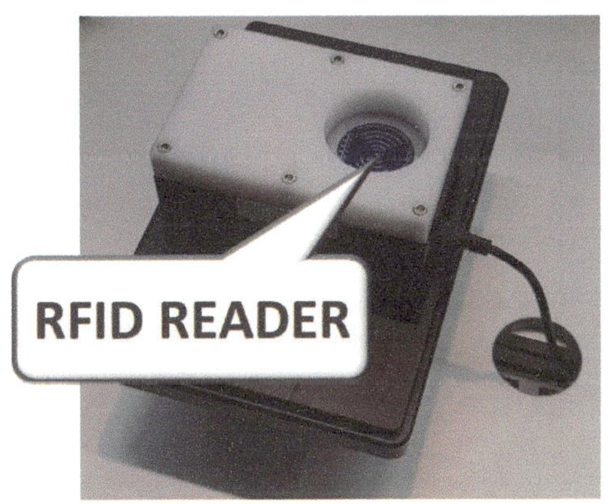

[그림 Ⅰ-13] RFID 리더기

2) RFID 모듈 소개

MFRC-522 RC522 RFID IC 카드 리더는 RFID 카드와 리더에서 사용되는 기술의 이해와 MIFARE CLASSIC RFID CARDS의 기본적인 하드웨어 및 소프트웨어 기능을 쉽게 학습하는데 도움이 된다.

주요 사양은 다음과 같다.

① 동작 전류: 13~26mA / DC3.3V

② 대기 전류: 10~13mA / DC3.3V

③ Sleep current: 〈80uA

④ 최대 전류: 〈30mA

⑤ 동작 주파수: 13.56MHz

⑥ 동작 온도: -20~80 degrees Celsius

⑦ 주변 상대 습도: 5%~95%

⑧ 태그 125KHz

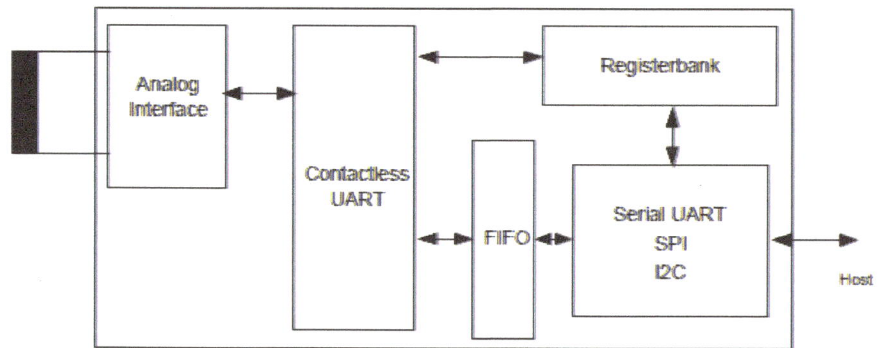

[그림 II-14] Simplified MFRC522 Block diagram

3) RC522 PINOUT

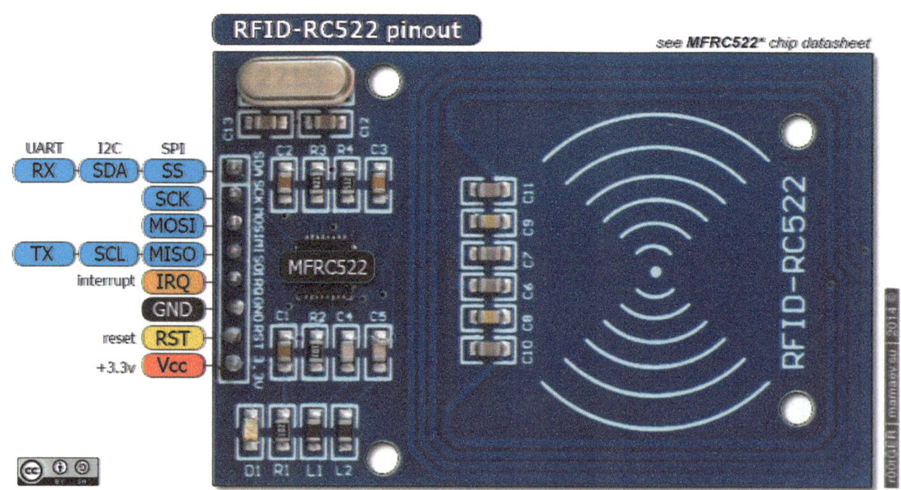

Arduino Uno	RFID-RC522
GND	GND
DP13	SCK
DP12	MISO
DP11	MOSI
DP10	SDA
DP9	RST
VCC	VCC

[그림 II-15] RC522 핀아웃 정보

4) 프로그래밍 설명

miguelbalboa의 라이브러리 안에 위 함수들이 있는데, 여러 가지 함수가 있지만 가장 기본적인 것은 다음과 같다.

① MFRC522 mfrc522(SS_PIN, RST_PIN) : MFRC522 인스턴스화

② SPI.begin(): SPI bus 초기화

③ mfrc522.PCD_Init(): MFRC522 초기화

④ mfrc522.PICC_IsNewCardPresent(): 새 카드 확인

⑤ frc522.PICC_ReadCardSerial(): 하나의 카드 읽기 확인

⑥ rfid.uid.uidByte[]: 읽은 카드 키값이 들어 있음.

라이브러리를 설치하면 여러 개의 예제가 있는데 한 번씩 다 사용해서 어떤 결과가 나오는지 확인해 볼 필요가 있다. 여기서는 리더기를 인식시키는 DumpInfo라는 예제를 간단하게 살펴보겠다.

```
#include <SPI.h>
#include <MFRC522.h>

#define RST_PIN        9        // Configurable, see typical pin layout above
#define SS_PIN        10        // Configurable, see typical pin layout above

MFRC522 mfrc522(SS_PIN, RST_PIN);  // Create MFRC522 instance

void setup() {
   Serial.begin(9600);     // Initialize serial communications with the PC
   while (!Serial);        // Do nothing if no serial port is opened (added for Arduinos
based on ATMEGA32U4)
   SPI.begin();            // Init SPI bus
   mfrc522.PCD_Init();     // Init MFRC522
   mfrc522.PCD_DumpVersionToSerial();  // Show details of PCD - MFRC522 Card
Reader details
   Serial.println(F( "Scan PICC to see UID, SAK, type, and data blocks..." ));
}

void loop() {
   // Look for new cards
   if ( ! mfrc522.PICC_IsNewCardPresent()) {
      return;
   }

   // Select one of the cards
   if ( ! mfrc522.PICC_ReadCardSerial()) {
      return;
   }

   // Dump debug info about the card; PICC_HaltA() is automatically called
   mfrc522.PICC_DumpToSerial(&(mfrc522.uid));
```

소스 코딩에서 MFRC522의 객체변수를 mfrc522를 선언할 때 RST, SS Pin 두 개를 인자로 인스턴스화한다.

```
SPI.begin();            // Init SPI bus
mfrc522.PCD_Init();     // Init MFRC522
```

이렇게 해서 초기화 작업 후 정상 인식을 확인하는 테스트가 진행된다.

```
mfrc522.PCD_DumpVersionToSerial();
```

위 실행 결과에서 정상적으로 "Firmware Version: 0x88= (clone)"라고 떴지만 인식을 안하면 실패한 에러 메시지가 출력된다.

mfrc522.PICC_IsNewCardPrcscnt() 새 카드 확인

mfrc522.PICC_ReadCardSerial() 카드 읽기

새로운 카드를 확인하면 다음 카드 읽기가 진행된다.

위 소스에서 PICC_IsNewCardPresent()함수로 새 카드인지 확인한다.
if문에서 새 카드 확인되지 못할 때만 return 명령을 수행한다.
PICC_ReadCardSerial() 확인된 새 카드를 읽게 된다.

```
mfrc522.PICC_DumpToSerial(&(mfrc522.uid));
```

Dump 정보를 시리얼 모니터로 출력시키는 명령이다.

1. 동작 모델

태그 정보를 실행창에 나타낸다.

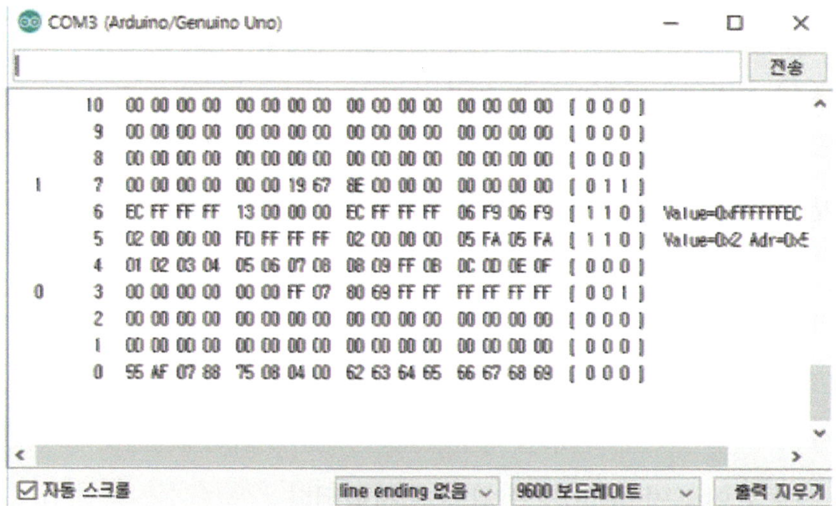

2. 프로그램 예시

```
/*********************************************
    PURPOSE:        Learn to use the MF522-AN RFID card reader
      Created by    Rudy Schlaf for www.makecourse.com
      DATE:         2/2014
*********************************************/

/*
 * This sketch uses the MFRC522 Library to use ARDUINO RFID MODULE KIT 13.56
MHZ WITH TAGS SPI W AND R BY COOQROBOT.
 * The library file MFRC522.h has a wealth of useful info. Please read it.
```

```
 * The functions are documented in MFRC522.cpp.
 *
 * Based on code Dr.Leong   ( WWW.B2CQSHOP.COM )
 * Created by Miguel Balboa (circuitito.com), Jan, 2012.
 * Rewritten by S ø ren Thing Andersen (access.thing.dk), fall of 2013 (Translation to
English, refactored, comments, anti collision, cascade levels.)
 *
 * This library has been released into the public domain.
*/
#include <SPI.h>//include the SPI bus library
#include <MFRC522.h>//include the RFID reader library
#define SS_PIN 10  //slave select pin
#define RST_PIN 5  //reset pin
        MFRC522 mfrc522(SS_PIN, RST_PIN);       // instatiate a MFRC522 reader
object.
        MFRC522::MIFARE_Key key;//create a MIFARE_Key struct named  'key' ,
which will hold the card information
void setup() {
      Serial.begin(9600);       // Initialize serial communications with the PC
      SPI.begin();              // Init SPI bus
      mfrc522.PCD_Init();       // Init MFRC522 card (in case you wonder what PCD
means: proximity coupling device)
      Serial.println( "Scan a MIFARE Classic card" );

      // Prepare the security key for the read and write functions - all six key bytes
are set to 0xFF at chip delivery from the factory.
      // Since the cards in the kit are new and the keys were never defined, they are
0xFF
      // if we had a card that was programmed by someone else, we would need to
know the key to be able to access it. This key would then need to be stored in
 'key'  instead.
       for (byte i = 0; i < 6; i++) {
```

```
            key.keyByte[i] = 0xFF;//keyByte is defined in the  "MIFARE_Key"
 'struct'  definition in the .h file of the library
      }
}int block=2;//this is the block number we will write into and then read. Do not
write into  'sector trailer'  block, since this can make the block unusable.
byte blockcontent[16] = { "makecourse_____" };//an array with 16 bytes to be
written into one of the 64 card blocks is defined
//byte blockcontent[16] = {0,0,0,0,0,0,0,0,0,0,0,0,0,0,0,0};//all zeros. This can be used
to delete a block.
byte readbackblock[18];//This array is used for reading out a block. The
MIFARE_Read method requires a buffer that is at least 18 bytes to hold the 16 bytes
of a block.
void loop()
{      /*****************************************establishing contact with a
tag/card**********************************************************************/

        // Look for new cards (in case you wonder what PICC means: proximity
integrated circuit card)
        if ( ! mfrc522.PICC_IsNewCardPresent()) {//if PICC_IsNewCardPresent
returns 1, a new card has been found and we continue
                return;//if it did not find a new card is returns a  '0'  and we return
to the start of the loop
        }
        // Select one of the cards
        if ( ! mfrc522.PICC_ReadCardSerial()) {//if PICC_ReadCardSerial returns 1, the
 "uid"  struct (see MFRC522.h lines 238-45)) contains the ID of the read card.
                return;//if it returns a  '0'  something went wrong and we return to
the start of the loop
        }
      // Among other things, the PICC_ReadCardSerial() method reads the UID and
the SAK (Select acknowledge) into the mfrc522.uid struct, which is also instantiated
      // during this process.
```

```
// The UID is needed during the authentication process
  //The Uid struct:
      //typedef struct {
        //byte           size;
        // Number of bytes in the UID. 4, 7 or 10.
        //byte           uidByte[10];
        //the user ID in 10 bytes.
        //byte           sak;
        // The SAK (Select acknowledge) byte returned from the PICC after
successful
          selection.
      //} Uid;

  Serial.println( "card selected" );

  /*****************************************writing and reading a block on the card******
*****************************************************************/

  writeBlock(block, blockcontent);//the blockcontent array is written into the
card block
  //mfrc522.PICC_DumpToSerial(&(mfrc522.uid));

  //The 'PICC_DumpToSerial' method 'dumps' the entire MIFARE data
block into the serial monitor. Very useful while programming a sketch with the
RFID reader...
  //Notes:
  //(1) MIFARE cards conceal key A in all trailer blocks, and shows 0x00
instead of 0xFF. This is a secutiry feature. Key B appears to be public by default.
  //(2) The card needs to be on the reader for the entire duration of the dump.
If it is removed prematurely, the dump interrupts and an error message will appear.
  //(3) The dump takes longer than the time alloted for interaction per pairing
between reader and card, i.e. the readBlock function below will produce a timeout
```

```
if
        //  the dump is used.

          //mfrc522.PICC_DumpToSerial(&(mfrc522.uid));//uncomment this if you
want to see the entire 1k memory with the block written into it.

        readBlock(block, readbackblock);//read the block back
        Serial.print( "read block:  ");
        for (int j=0 ; j<16 ; j++)//print the block contents
        {
          Serial.write (readbackblock[j]);//Serial.write() transmits the ASCII numbers as
human readable characters to serial monitor
        }
        Serial.println( "" );

}
```

(5) 로봇

스마트공장의 가장 큰 장점으로 무인화와 자동화, 빅데이터의 수집과 활용을 꼽는다면 이것을 현실화시키기 위한 장비로 많이 사용되는 것이 로봇이다. 로봇은 사람의 역할을 대신하기도하고 보조하기도 한다.

시스템에서의 로봇은 투입 공정과 가공(리턴) 공정 중 터닝 공정에 원자재를 공급하는 역할을 수행한다. 로봇은 작업에 따라 핸들링, 용접, 팔레타이징 등으로 나누는데 여기서는 핸들링용으로 사용되었다.

로봇 시스템은 다음의 3가지로 구성된다.

- 로봇 바디: 수직 다관절 6축 로봇
- 로봇 제어기: PC 제어 방식으로 파이썬 언어로 제어
- 로봇 툴: 공압 그리퍼

로봇의 작업을 살펴보면, 작업 지시에 따라 공급 대기 창고에 놓인 원자재를 집어 RFID 태그를 데이터베이스에 쓸 때까지 잠시 대기한 뒤 워크스테이션으로 보내거나 이송 컨베이어로 이동시킨다.

작업 지시가 따로 없고 반송 컨베이어에 원자재가 있으면 이를 공급 컨베이어로 보낸다.

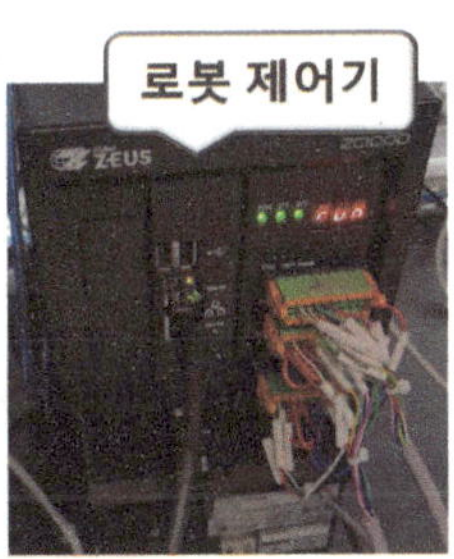

[그림 Ⅰ-16] 로봇 시스템 구성

1) 산업용 로봇의 구성 요소

① 로봇 시스템의 구성

일반적인 로봇 시스템은 로봇 본체와 제어기가 가장 기본적인 구성이며 여기에 작업을 위한 툴을 부착하고 외부 다른 장비와 연결하기 위해 PLC와 같은 제어기와 연결되기도 하고 로봇 프로그램을 작성하기 위한 제어 PC가 필요하다.

② 로봇 본체

매니퓰레이터(Manipulator)라고도 하는데 대부분 로봇이 사용되는 현장에 맞도록 최적 설계되어 있으며 고강성 구조와 경량화되어 있다. 로봇 본체의 성능을 결정할 때 중요한 요소 중 하나가 로봇 구동 모터이다. 어떤 종류의 모터를 사용했는지, 그 모터가 낼 수 있는 최고 속도와 반복 위치 정밀도 등이 로봇의 성능이 결정되고 가격도 결정된다.

③ 로봇 제어기

로봇의 제어기를 열어보면 우리가 사용하는 PC와 비슷하다. PC와 같이 CPU의 성능이 좋으면 짧은 시간에 더 많은 작업을 처리할 수 있기 때문에 성능 결정에 중요하다. 여러 개의 로봇 축이 동시에 움직이는 것을 동기 운전이라고 하는데, 정해진 성능을 유지하면서 동기 운전이 가능한가도 고려해야 한다. 최근에는 로봇 제어기가 다른 장비의 제어기들과 연동되어도 동작이 잘되는지(로봇 제어기의 확장성)를 선정 기준에 포함하기도 한다.

④ 로봇 툴

같은 로봇이여도 어떤 일을 하느냐에 따라 로봇을 분류하는데, 이때 일하기 위해서 필요한 작업 툴(Tool)이 로봇의 엔드 이펙터에 부착된다.

핸들링 로봇이나 팔레타이징은 물건을 잡아서 이동 또는 적재하는 로봇으로 로봇 툴로는 그리퍼(Gripper)나 버큠(Vacuum, 공기 흡입 방식) 등이 사용된다.

⑤ 부속품

로봇의 부속품으로는 케이블이나 단자대 등이 있다. 로봇 본체에서 사용되는 케이블과 로봇 제어기와 연결되는 케이블 등으로 구분할 수 있다.

2) 로봇 머니퓰레이터

로봇의 머니퓰레이터는 관절(조인트 Joint)과 연결된 링크(Link)들로 구성되어 있어서 개방 연쇄(Open Kinematic Chain, 오픈 키네마틱스 체인) 구조를 갖는다.

3) 관절(Joint)

① 회전 관절(Rotary, Revolute) Ⓡ

경첩(Hinge)을 이루며 두 링크(Link) 사이의 상대적 회전운동을 허용한다.

② 직신 관질(Linear, Prismatic) Ⓟ

두 링크(Link) 사이의 상대적 직선운동을 허용한다.

4) 링크(Link)

두 관절 사이를 일정한 형태를 가지고 이어 주는 것이다.

5) 작업 공간(Workspace)

말단 장치의 지나간 자국이 만드는 전체 부피를 말한다.

도달 가능 작업 공간(Reachable Workspace)으로 머니퓰레이터가 도달할 수 있는 모든 점의 집합이다. 자유자재 작업 공간(Dextrous Workspace)으로 머니퓰레이터의 말단 장치가 임의의 방향을 가지면서 도달할 수 있는 점들로 구성된다.

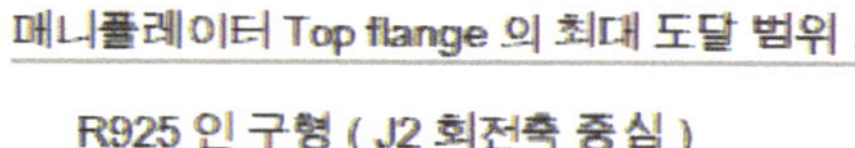

[그림 Ⅰ-17] 작업 공간 예시

6) 반복 정밀도(Repeatability)

로봇의 반복 정밀도는 로봇의 정밀도(Accuracy)와는 또 다른 개념이다. 정밀도가 공간상의 주어진 목표점에 얼마나 가깝게 갈 수 있느냐를 반복 측정한 평균값이라면, 반복 정밀도는 한번 교시(Teaching)하여 갔던 위치를 다시 갔을 때 얼마나 정확히 그 위치에 정확하게 도달하는가를 반복 측정한 값이다. 로봇의 성능에 반복 정밀도는 중요하다.

7) 분해능(Resolution)

로봇이 움직일 수 있는 최소 단위의 거리를 말한다.

서보모터(Servo Motor)의 분해능(1회전당 몇 펄스)과 볼 스크루의 리드에 의해 결정된다.

8) 가반 하중

다른 말로 페이로드(Payload)라고도 하는데 가반 하중에는 엔드 이펙트의 하중이 포함된다.

만일 작업 대상물의 하중이 30이고 그 대상물을 핸들링하는 그리퍼의 하중이 2kg이라 하면 최소 32kg의 가반 하중을 갖는 로봇이 선정되어야 한다.

9) 최대 속도(max. speed)

로봇의 엔드 이펙트가 구현할 수 있는 최대 합성 속도를 말한다.

로봇의 작업 시간(택 타임, tact time) 결정에 영향을 미치며, 절대로 최대 속도가 빠르다고 성능이 좋다고는 할 수 없지만 대상 작업에서 요구하는 최대 속도보다는 빠른 최대 속도를 갖는 로봇이 필요하다.

10) 스트로크와 리치

스트로크(Stroke)는 유효 작업 공간을 말하며 리치(Reach)는 로봇의 설치 공간 및 안전구역 판단하는 의미한다.

11) 로봇 시스템 구성

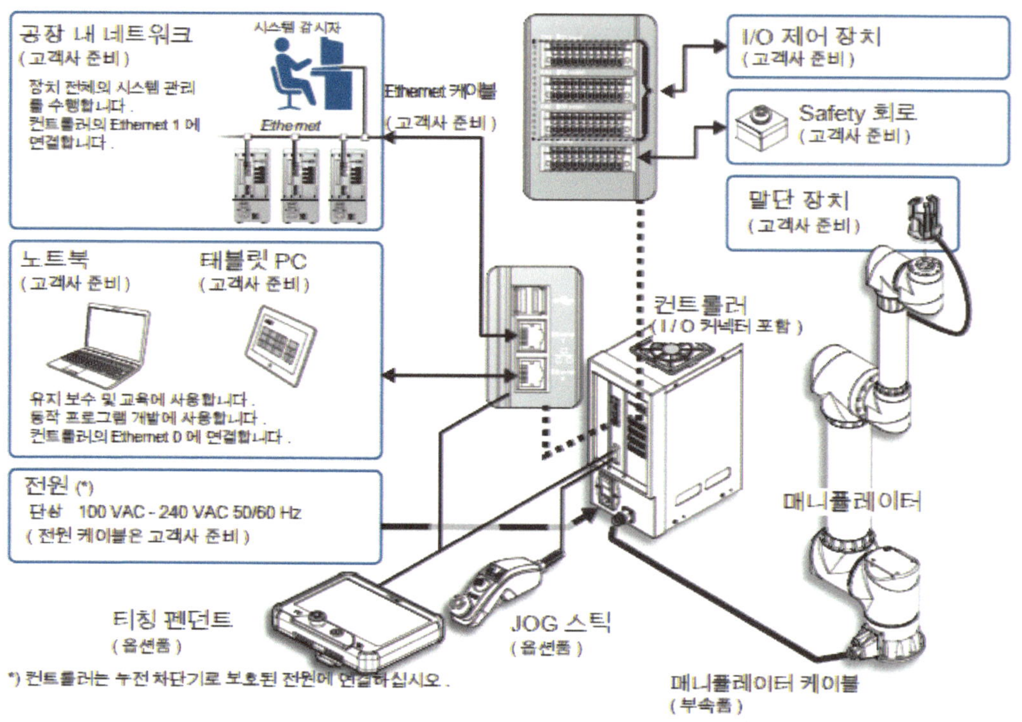

[그림 Ⅰ-18] 로봇 안전 펜스 구성 예시 1

12) Pass Through Motion

1st Arm이 2nd Arm 에 비해 긴 매니퓰레이터의 특징적인 동작으로 J1을 회전시키지 않고 작업물을 매니퓰레이터의 정반대쪽으로 반송하는 것이 가능하다.

13) 매니퓰레이터

매니퓰레이터는 서보모터로 구동하는 6축 수직 다관절 로봇으로 끝에 다른 말단 장치를 사용하여 다양한 작업에 사용가능하다.

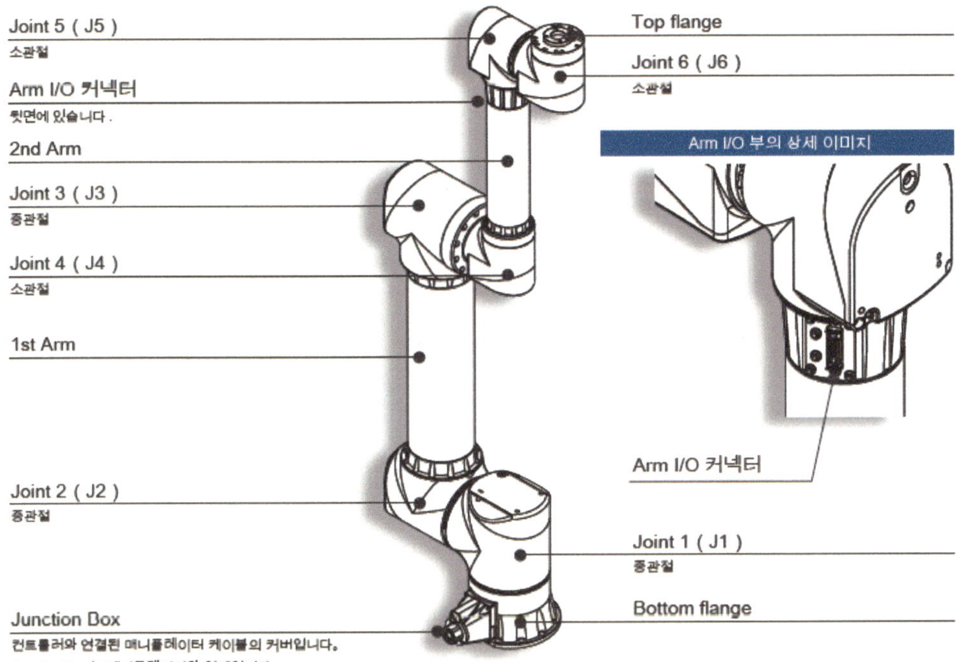

[그림 Ⅰ-19] 로봇 ZERO 매니퓰레이터 각부 명칭

14) 컨트롤러

제어 보드와 전원 기판 등을 수납한 제어 장치로 상위 제어 장치와의 통신과 I/O 등의 인터페이스로 매니퓰레이터의 움직임을 종합적으로 제어한다.

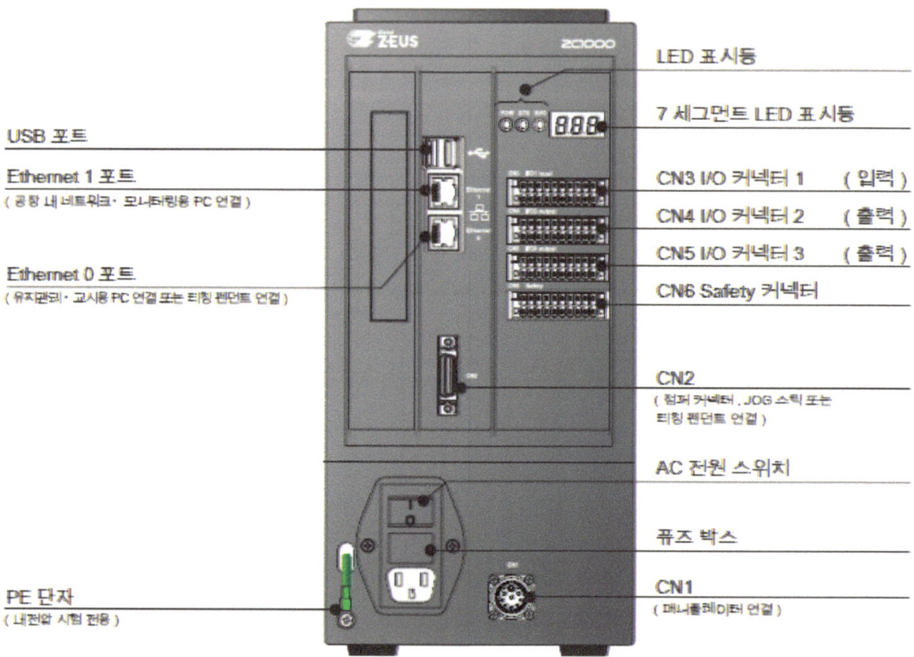

[그림 Ⅰ-20] 로봇 ZERO 컨트롤러 각부 명칭

컨트롤러의 상태 표시는 7 세그먼트 LED 표시기와 LED 표시기에 로봇의 상태를 표시한다.

7 세그먼트 표시기에는 다음의 항목을 표시한다.

7 세그먼트 LED 표시기 오른쪽 아래 마침표의 점멸 주기는 컨트롤러 시스템이 가동 중임을 나타낸다.

[표 Ⅰ-7] 7세그먼트 LED의 표시

표시		의미
	---	컨트롤러 가동 중
	ini	컨트롤러 초기화 중
	rdy	준비 완료 상태 (대기 중)
	inc	ABS 원점 정보의 손실 발생 (*1)
	tch	교시 모드
	JoG	JOG 조작 모드
	run	사용자 프로그램 실행 중
	PAu	프로그램 일시 정지 중
	PoF	전원 오프 처리 중
	E**	시스템 정의 오류
	c**	시스템 정의 오류
	u**	사용자 정의 오류
	r**	사용자 정의 오류

LED 표시등

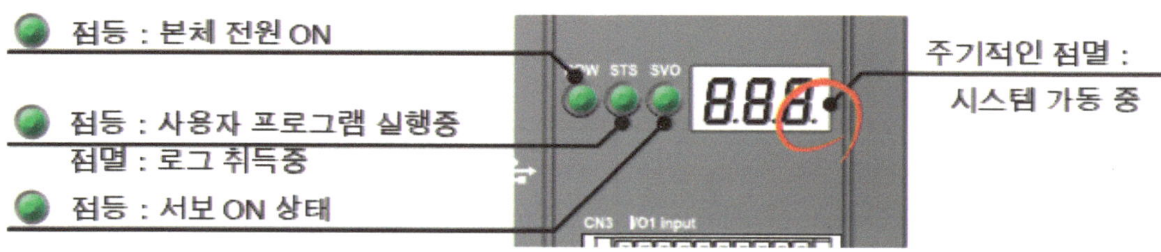

[그림 Ⅰ-21] 로봇 ZERO의 LED 표시등

15) JOG 스틱

JOG 스틱을 사용하여 매니퓰레이터의 각 축을 JOG 조작할 수 있다. JOG 조작은 원점 위치로 이동하거나 교시 작업에 사용한다.

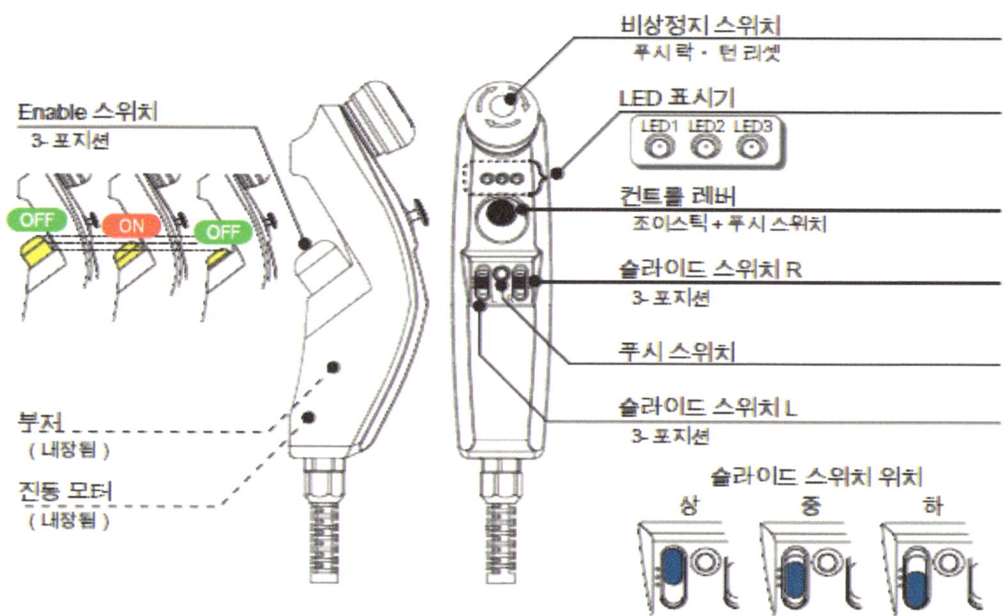

[그림 Ⅰ-22] 로봇 ZERO JOG 스틱 각부 명칭

① 비상 정지 스위치: 강하게 누르면 비상 정지 상태가 되고 다시 서보 ON 하기 위해서는 시계 방향으로 돌려 비상 정지를 해제하고 나서 Enable 스위치를 누른다.

② Enable 스위치: 누르면서 서보 ON 하고 손을 떼거나 더 깊게 누르면, 서보 OFF가 된다.

③ 슬라이드 스위치 L: 조작 조인트를 변경한다.

④ 슬라이드 스위치 R: JOG 스틱 동작과 브라우저 화면상의 조작 패널 동작을 변경한다.

⑤ 푸시 스위치: 누르면서 컨트롤러의 전원을 입력하면 , 'JOG 조작 모드'로 구동된다.

⑥ 컨트롤 레버: 조이스틱+푸시 스위치

⑦ 버저: 버저음으로 상태를 알려준다.

⑧ 진동 모터: 진동으로 상태를 알려준다.

16) PC 접속

로봇 ZERO는 PC로 주로 제어되므로 다음의 2개 소프트웨어를 설치하여 준비한다.

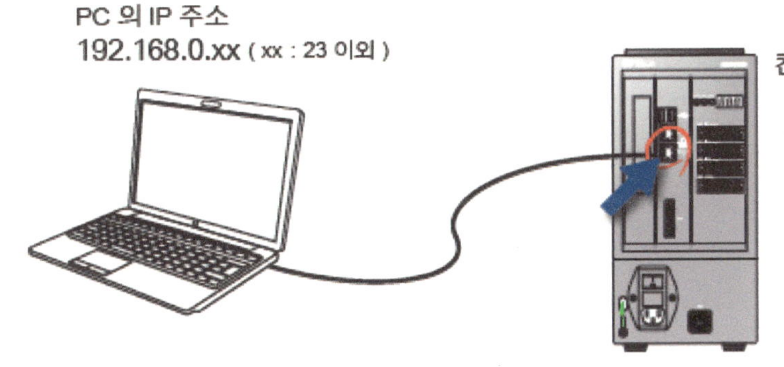

[그림 Ⅰ-23] PC 접속

① FFFTP

FTP 클라이언트 소프트웨어(https://osdn.net/projects/ffftp/)

FTP(File Transfer Protocol)를 이용하여 PC와 컨트롤러 간의 파일을 전송한다.

[표 Ⅰ-8] FFFTP 호스트 설정

구분	설정
Profile Name	i611 (임의)
Host Name/Address	192.168.0.23
Username	i611usr
Password/Phrase	i611

② Tera Term

터미널 소프트웨어(https://osdn.net/projects/ttssh2/)

원격 접속 클라이언트로 Telnet 접속을 통해 로봇 구동 프로그램을 실행하는 등 컨트롤러를 조작하는 데에 사용한다.

[표 Ⅰ-9] Tera Term 호스트 설정 및 컨트롤러 인증

구분		설정
호스트 설정	호스트(T)	192.168.0.23
	서비스	Telnet
컨트롤러 인증	login	i611usr
	Password	i611

실습 과제 로봇 기동과 종료

1. 동작 조건

로봇을 기동시키고 종료시킨다.

2. 동작 순서

① 다음의 그림과 같이 배선한다.

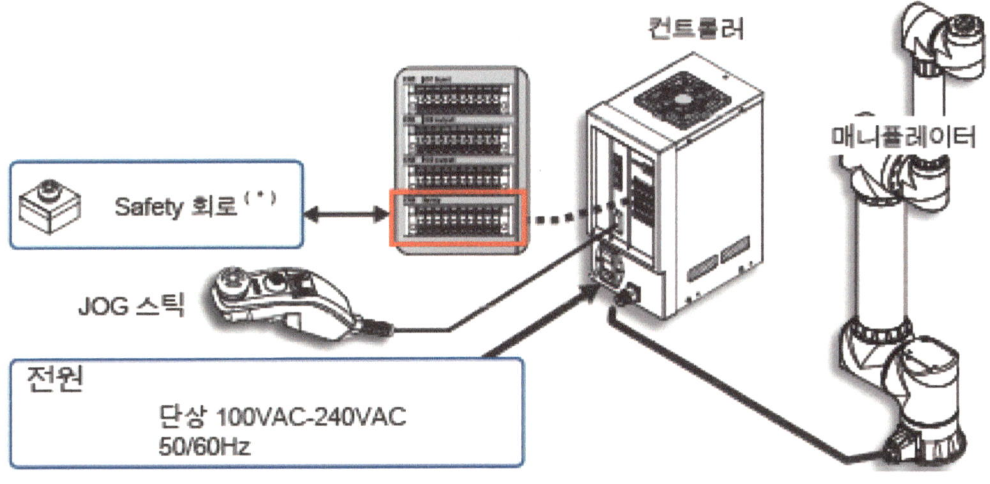

[그림 Ⅰ-24] 배선 정보

② JOG 스틱의 푸시 스위치를 누르면서 컨트롤러의 전원을 켠다.

③ 컨트롤러의 7 세그먼트 표시가 JOG가 될 때까지 계속 눌러준다.

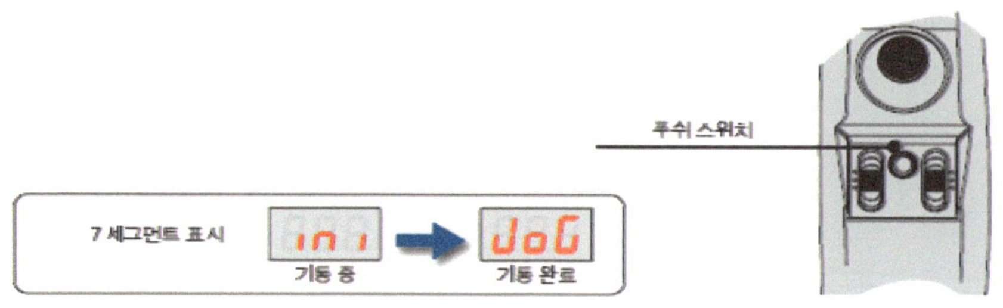

[그림 Ⅰ-25] 기동 순서

④ 컨트롤러의 전원을 차단한다.

실습 과제 로봇 기본 조작

1. 동작 조건

로봇의 각 축을 움직인다.

2. 동작 순서

① Enable 스위치를 누른다.

② Enable 스위치에서 손을 떼거나 더 깊게 누르면 서보를 OFF 한다.

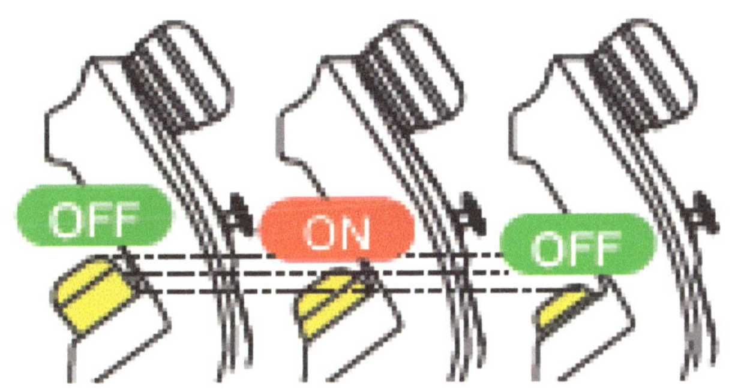

[그림 Ⅰ-26] 서보 ON과 OFF 순서

③ 슬라이드 스위치 L을 상/중/하로 바꾼 뒤, 움직이고 싶은 조인트를 선택한다.

④ 컨트롤러 레버를 기울여 로봇을 움직인다.

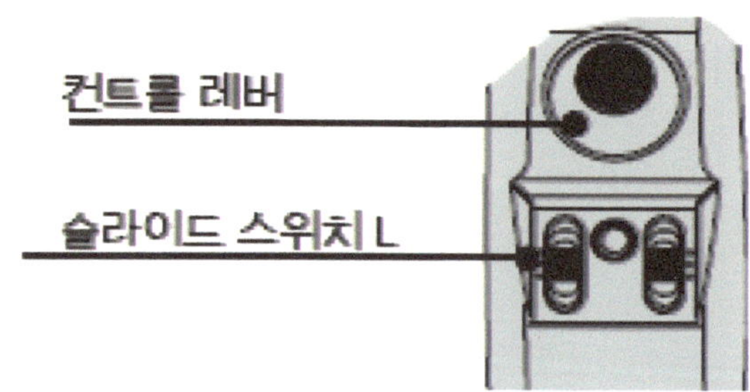

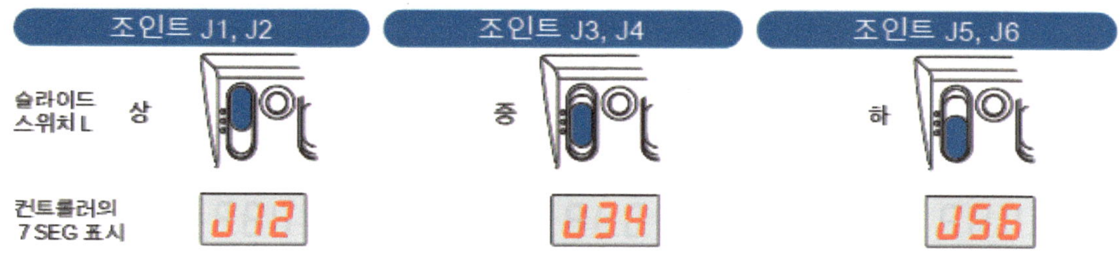

[그림 Ⅰ-27] 조인트 선택과 로봇 구동

실습 과제　로봇 기본 조작

1. 동작 조건

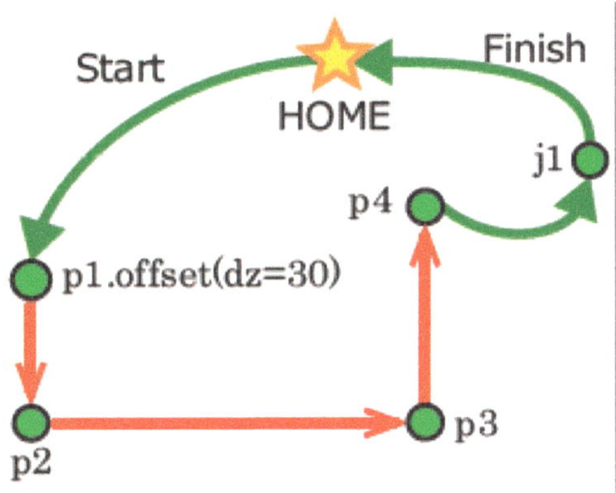

2. 프로그램 예시

```
#!/usr/bin/python
# -*- coding: utf-8 -*-

## 1. 초기 설정① ###########################################
 # 라이브러리 가져오기
 from i611_MCS import *
 from i611_extend import *
 from i611_io import *

 def main():
        ## 2. 초기 설정② ########################################
        # i611 로봇 생성자
                rb = i611Robot()
                # 월드 좌표계 정의
                _BASE = Base()
                # 로봇과 연결 시작 초기화
```

```
        rb.open()
        # I/O 입출력 기능 초기화 (I/O 미사용 시 생략 가능 )
        IOinit( rb )

    ## 3. 교시 포인트 설정 ######################
        p1 = Position( 95, -280, 425, -120, 84, -28 )
        p2 = Position( 95, -280, 240, 154, 80, -114 )
        p3 = Position( 300, -280, 240, 159, 86, -156 )
        p4 = p3.copy()
        p4.shift( dz=40 )
        j1 = Joint( 230, -1, -92, 90, 5, 89 )

    ## 4. 동작 조건 설정 ###################################
        #MotionParam 생성자에서 동작 조건 설정
        m = MotionParam( jnt_speed=10, lin_speed=70 )
        #MotionParam 형으로 동작 조건 설정
        rb.motionparam( m )

    ## 5. 로봇 동작 정의 ##############################
        # 작업 시작
        rb.home()
        rb.move( p1.offset(dz=30) )
        rb.line( p2, p3, p4 )
        rb.move( j1 )
        rb.home()

    ## 6. 종료 #######################################
        # 로봇과의 연결을 종료
        rb.close()

if __name__ == '__main__' :
    main()
```

3. 실습 주의사항

Python 언어에서는 들여쓰기로 문단을 구분하므로 예제와 동일하게 들여쓰기 한다.
Tab 키는 Text editer 에 따라 의도대로 동작하지 않을 수 있다.

(6) 워크스테이션

워크스테이션(work station)은 실제 현장의 작업 공정이라고 할 수 있다. 무엇을 생산할 것인가에 따라 필요한 워크스테이션 수량이나 기계 등이 결정될 것이다. 본 시스템에서는 이러한 실제 작업 공정을 모두 구현하기에는 공간과 접근성의 위험이 높아서 모의 생산 공정으로 구성하였다. 각 공정별 머신과 버퍼로 구성하여 생산 지시에 따라 재료 투입한다.

공정은 총 4개로 나누고 각각 2개의 가공 머신과 머신별 3개의 대기 버퍼로 구성되어 있다. 작업 지시에 따라 가공 순서대로 진행하는데 이때 가공 머신이 작업 중이면 전체 공정이 대기하고 있지 않고 버퍼로 이동시켜 다음 공정이 진행되도록 한다. 이를 위해서 버퍼가 사용되게 된다.

만약 공정별 모든 버퍼가 사용 중일 때는 컨베이어를 통해서 재공급을 위해서 빠져나간다.

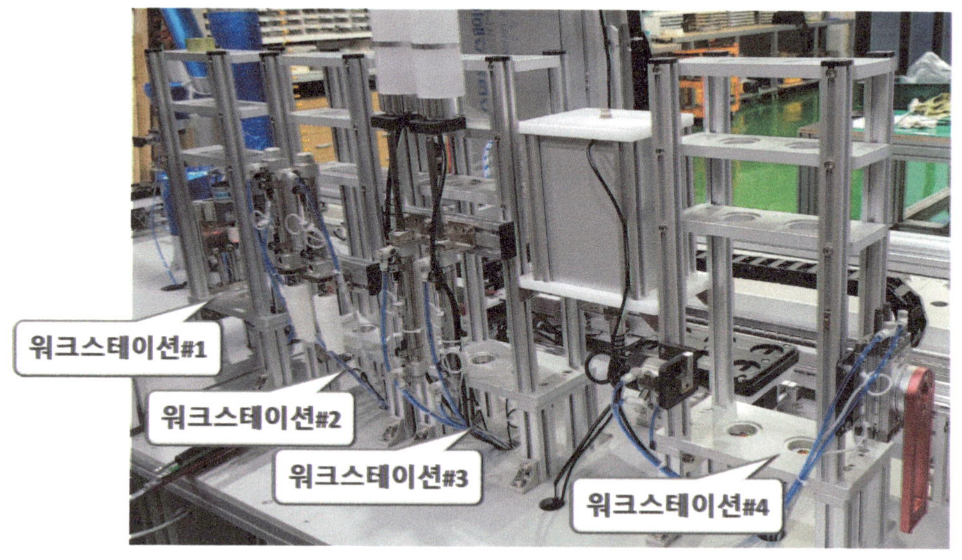

[그림 Ⅰ-28] 워크스테이션 #1~#4

드릴링		압출		히팅		터닝	
버퍼1-3	버퍼2-3	버퍼3-3	버퍼4-3	버퍼5-3	버퍼6-3	버퍼7-3	버퍼8-3
버퍼1-2	버퍼2-2	버퍼3-2	버퍼4-2	버퍼5-2	버퍼6-2	버퍼7-2	버퍼8-2
버퍼1-1	버퍼2-1	버퍼3-1	버퍼4-1	버퍼5-1	버퍼6-1	버퍼7-1	버퍼8-1
머신1	머신2	머신3	머신4	머신5	머신6	머신7	머신8

드릴링	히팅
모터가 부탁된 박형 실린더로 구성되어 작업 지시에 따라 실린더가 하강한 뒤 드릴링 가공을 진행	히팅 상태를 표시하는 3색 경과등이 부착된 복동 실린더가 작업 지시에 따라 하강한 뒤 히팅 가공을 진행
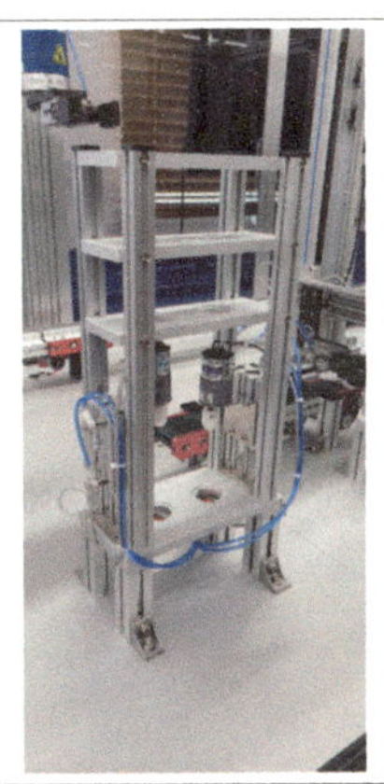	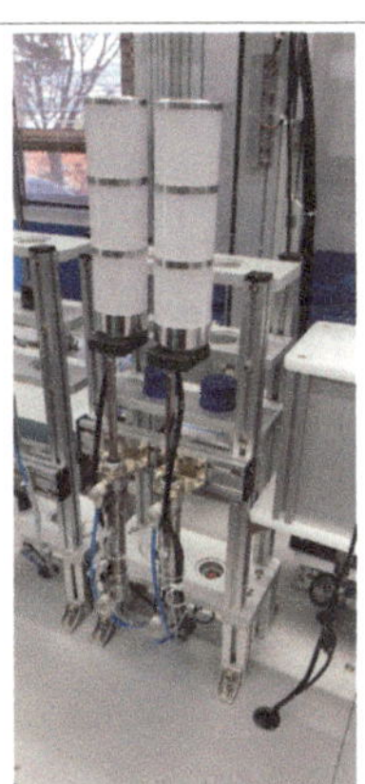

압출	터닝
압출 모형이 부착된 단동 실린더가 작업 지시에 따라 설정 시간 동안 압출 공정을 진행	일반 및 각도 제어가 가능한 회전 실린더가 작업 지시에 따라 터닝 공정을 진행
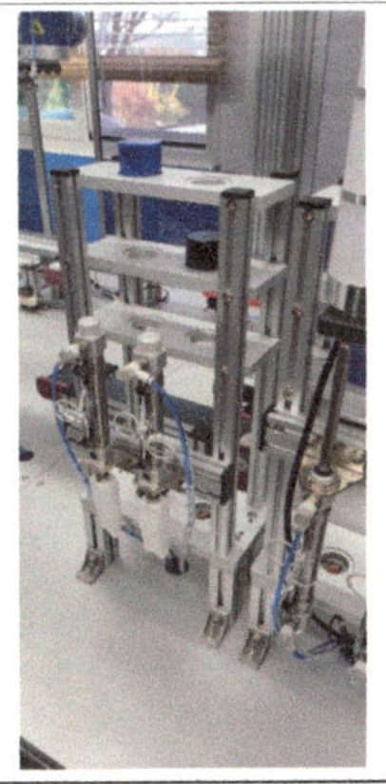	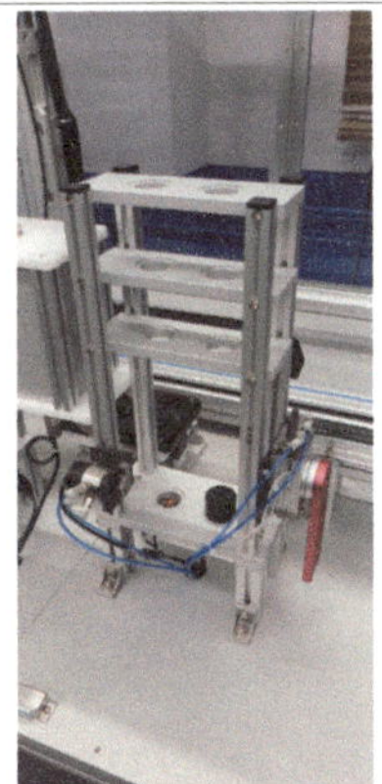

(7) 3축 이송 장비

3축 이송 장비는 워크 스테이션 #2~#4과 검사 공정에 원자재를 투입하고 배출하는 역할을 한다. 로딩/언로딩을 하게 되는데 앞의 로봇이 회전 운동이라며 여기서는 직선운동이라는 기구적 차이점을 가지고 있고 로봇은 전용 로봇 제어기를 이용하지만 여기서는 PLC 서보 제어를 사용한다. PLC 서보 제어는 PLC 응용 분야로 많이 사용되는 기술로 생산자동화 산업기사에게 필요한 능력 중 하나이다.

3축 이송 장비의 구성은 다음과 같다.

- 1축 서보 모터 및 드라이브: 100W 서보 모터, 길이 700mm
- 2축 서보 모터 및 드라이브: 100W 서보 모터, 길이 500mm
- 3축 로드리스 실린더
- 공압 그리퍼

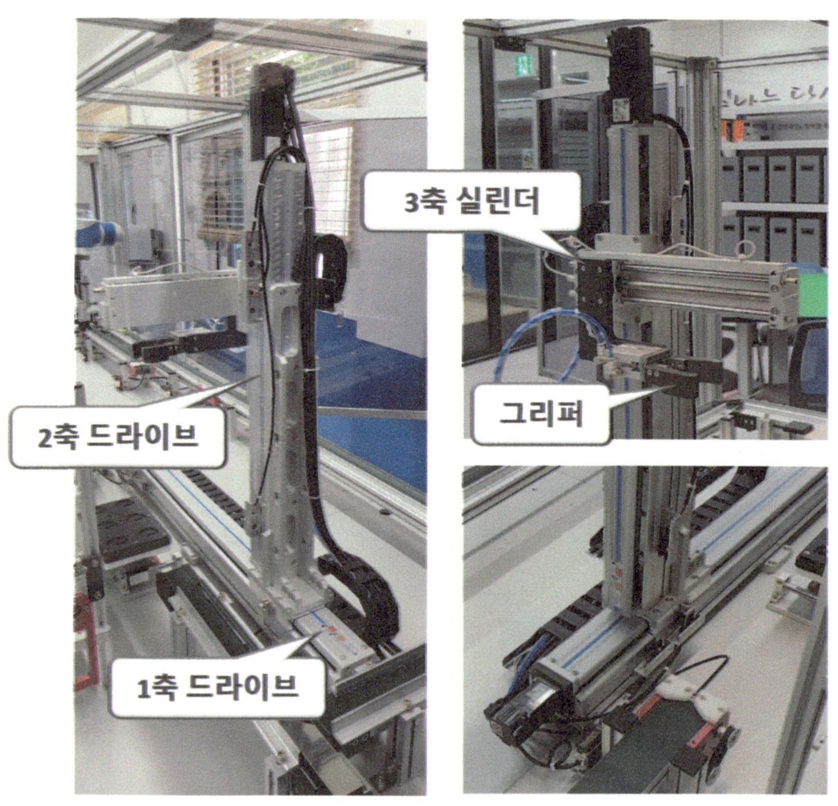

[그림 Ⅰ-29] 3축 이송 장비

[표 Ⅰ-10] 서보 드라이브 사양

SPEC		MR075 SERIES [S TYPE]
MAX.SPEED(mm/sec)		500
PAYLOAD(kgf)	HORIZONTAL	12
PAYLOAD(kgf)	VERTICAL	7
REPEATABILITY(mm)		±0.02
STROKE(mm)		100~1200
MOTOR(w)	HORIZONTAL	100
MOTOR(w)	VERTICAL	100(Brake)
BALL SCREW		Φ15, Lead : For Stroke
LM GUIDE		No.15N 1R, 1B

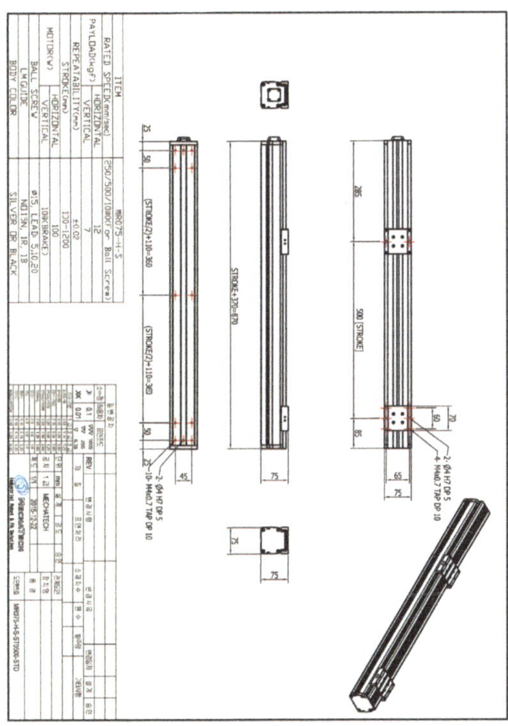

[그림 Ⅰ-30] 서보 드라이드 도면

(8) 검사 공정

검사 공정은 vision을 이용하여 이미지 정보를 취득하고 분류 또는 적재 등에 활용한다. 시스템에서는 인공지능(AI) 영상 처리에서 많이 사용되는 라이브러리인 OpenCV를 사용하여 아루코(ArUco) 마커를 통해 제품의 데이터를 처리하도록 사용되었다.

[그림 Ⅰ-31] Vision 구성

1) AI VISION의 이해

AI Vision은 각 산업에 최적의 딥러닝 영상 분석 알고리즘을 적용해 기업의 보안과 안전을 24시간 모니터링하는 인공지능 영상 분석에 활용된다.

스마트공장에서 활용되는 AI Vision으로는 공장 내 수천 대의 CCTV 영상을 복합 감지하는 분석 서버와 이를 시각화하는 선별 관제 시스템을 통해 위험 상황을 한눈에 감시하는 목적으로 활용되기도 한다.

이를 위해서는 산업 현장에 구축하고 5년 이상의 빅데이터를 수집하여 지속적인 딥러닝 학습을 통해 공장 내 AI 모델을 생성하는 과정이 필요하며 이 데이터는 실제 관제 요원이 처리하는 데이터 전처리 과정을 통해 재학습시키는 등의 시간과 노력이 필요하다.

이러한 과정을 통해서 현장의 이상 상태 증후를 사전에 발견하면 화재, 침입, 작업 안전, 설비 이상 등에 대한 즉각적인 이벤트 알람을 발생시킨다.

[그림 Ⅰ-32] AI Vision 활용 사례(GSITM 홈페이지 www.gsitm.com)

2) ArUco 마커 소개

마커는 영어로 "기준 마커"라고 하며 2D 공간에서 3D 공간으로의 전환으로 정보를 제공할 수 있는 그림으로 표현된다. ArUco는 정사각형 및 흑백 이미지를 의미하는 정사각형 이진 기준 마커를 사용한다. QR 코드와 매우 비슷해 보이지만 간단히 말하면 동일한 내용을 설명할 수 있다. 이러한 포인터는 ArUco 사전에 있으며 이진으로 저장된다. 이미지에서 포인터 후보를 찾은 후 이러한 사전과 비교하여 특수 마커 번호(마커 ID)를 찾은 다음 사용된 함수에 대해 반환한다.

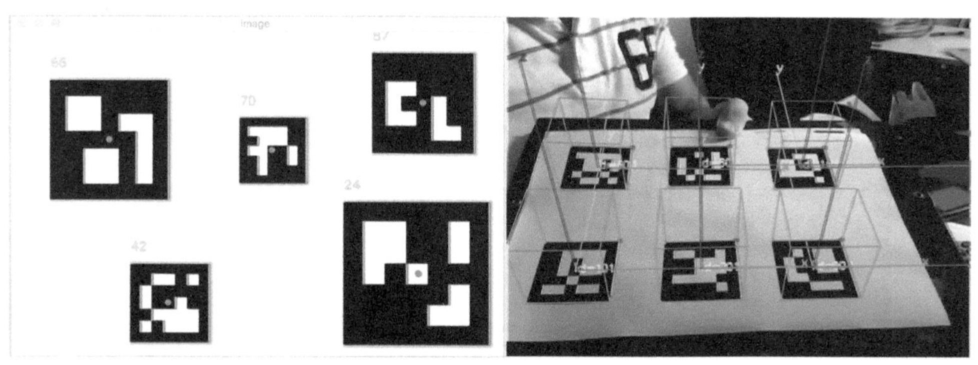

[그림 Ⅰ-33] ArUco 마커 생성 예시

OpenCV 문서에서 얻은 정보에 따르면 카메라 이미지에서 ArUco 마커를 찾는 단계는 다음과 같다.

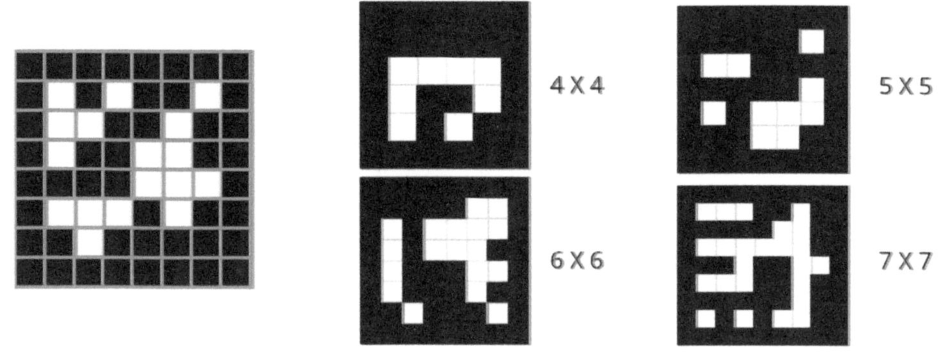

[그림 Ⅰ-34] ArUco 마커의 특정 크기 창

① 마커 후보 결정

이 단계에서 마커가 사각형이라는 것을 알고 있으므로 사각형이 될 수 있는 후보를 찾아야 한다. 우선 이미지에 임계값을 적용해야 한다. 사용되는 임계값을 적응형 임계값이라고 한다.

② 이미지 임계값 적용

적응형 임계값은 특정 크기의 창(3x3, 5x5, 11x11,…)으로 회색 수준 이미지를 탐색하여 각 창에 대한 최적의 회색 수준 값을 찾는다. 이 수준보다 낮은 것은 검은색으로, 이 수준보다 높은 것은 흰색으로 결정된다.

③ 가장자리 감지(윤곽선으로 통과)

이진 이미지(흑백 이미지)에서 이루어진다. 발견된 모서리는 볼록하지 않거나 정사각형 모양이 아닌 경우 무시된다. 추가 필터도 사용할 수 있다(너무 크거나 작은 가장자리, 가장자리의 근접 값 등).

정사각형으로 인정된 응시자는 원근 변환을 거쳐 정사각형 이미지가 된다. 이 후광을 정식 형태라고 한다. 그 후 초본 역치가 수행된다. Herbaceous threshold는 "내가 선택한 값이 검은색(배경) 및 흰색(전경) 분포를 최소화해야 하는 위치에서 이미지의 히스토그램을 분리해야 합니다."라는 논리와 함께 작동한다.

검색에 사용되는 사전 크기가 5x5픽셀이라고 가정해 보자. 이미지가 5x5 픽셀 이미지로 축소되도록 조각화가 수행된다(일반적으로 마커 외부에 검은색 테두리가 있으며 포함된 경우 7x7 픽셀임). 그런 다음 검은색 0과 흰색 1의 이진 행렬로 변환되어 사전에서 검색된다. 발견된 후보에 대해 오류 계산이 수행된다. 발견 및 거부 된 항목은 함수에 의해 반환된다.

코드 부분을 시작하기 전에 카메라 보정을 완료해야 한다.

```
import numpy as np
import cv2
import cv2.aruco as aruco
cap = cv2.VideoCapture(1)  # Get the camera source
def track(matrix_coefficients, distortion_coefficients):
    while True:
        ret, frame = cap.read()
        # operations on the frame come here
        gray = cv2.cvtColor(frame, cv2.COLOR_BGR2GRAY)  # Change grayscale



aruco_dict = aruco.Dictionary_get(aruco.DICT_5X5_250)  # Use 5x5 dictionary to
find markers
parameters = aruco.DetectorParameters_create()  # Marker detection parameters
# lists of ids and the corners beloning to each id
        corners, ids, rejected_img_points = aruco.detectMarkers(gray, aruco_dict,
parameters=parameters, cameraMatrix=matrix_coefficients,
distCoeff=distortion_coefficients)
```

3) 함수에 표시되는 매개변수

① 회색: 회색 수준 이미지

② aruco_dict: 우리가 만든 사전

③ 매개변수: 감지기 매개변수

④ cameraMatrix: 보정을 통해 계산 된 내부 매개변수

⑤ distCoeff: 보정에 의해 계산된 노이즈 벡디

⑥ 모서리: 감지된 각 마커에 대해 이미지의 모서리 좌표
N 포인터에 대해 [N] [4] 크기의 행렬을 반환

⑦ ids: 감지된 마커의 번호를 제공한다. corners 매개변수와 연관
즉 ids [4] 포인터의 꼭짓점은 corners [4] 배열에 있다.

⑧ rejected_img_points: 이미지에서 포인터 모양이 아닌 감지된 모서리 좌표

```
if np.all(ids is not None):  # If there are markers found by detector
        for i in range(0, len(ids)):  # Iterate in markers
            # Estimate pose of each marker and return the values rvec and tvec---
different from camera coefficients
            rvec, tvec, markerPoints = aruco.estimatePoseSingleMarkers(corners[i],
0.02, matrix_coefficients, distortion_coefficients)
            (rvec - tvec).any()  # get rid of that nasty numpy value array error
aruco.drawDetectedMarkers(frame, corners)  # Draw A square around the markers
            aruco.drawAxis(frame, matrix_coefficients, distortion_coefficients, rvec,
tvec, 0.01)  # Draw Axis
```

1. 마커 생성

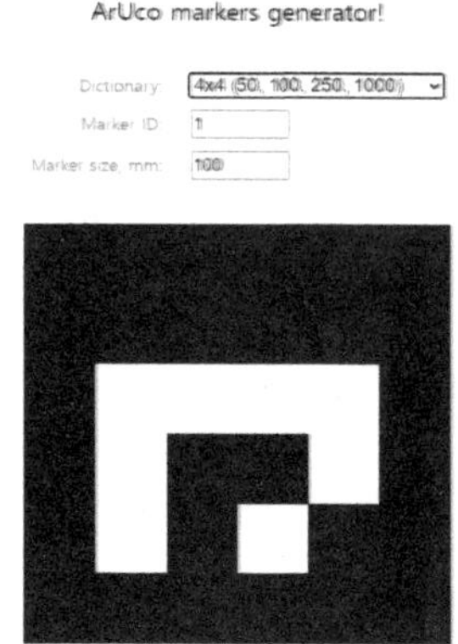

2. 프로그램 예시

```
importnumpyasnp
importcv2
importcv2.aruco asaruco
cap= cv2.VideoCapture(1)  # Getthecamerasource
deftrack(matrix_coefficients, distortion_coefficients):
   whileTrue:
       ret, frame= cap.read()
       # operationsontheframecomehere
       gray= cv2.cvtColor(frame, cv2.COLOR_BGR2GRAY)  # Changegrayscale
aruco_dict= aruco.Dictionary_get(aruco.DICT_5X5_250)  # Use5x5
dictionarytofindmarkers
parameters= aruco.DetectorParameters_create()  # Markerdetectionparameters
# listsof idsand thecornersbeloningtoeachid
       corners, ids, rejected_img_points= aruco.detectMarkers(gray, aruco_dict,
parameters=parameters, cameraMatrix=matrix_coefficients,
distCoeff=distortion_coefficients)
```

(9) 배출 버퍼

검사 공정을 지난 제품은 바로 배출되지 않고 배출 버퍼에서 대기한 뒤 배출된다.

전체 6개의 위치가 구성되어 있고 각 위치에는 센서가 부착되어 있어서 제품이 있는지 없는지를 확인시켜 준다.

제품은 3개 종류로 6개 유형으로 분류되어 제품 대기 창고와 동일하게 채워진다.

1단과 2단의 위치는 이송 가이드가 부착된 실린더의 전·후진 동작으로 구동된다.

	1열	2열	3열
1단	SICK-C1	SICK-B1	SICK-A1
2단	SICK-C2	SICK-B2	SICK-A2

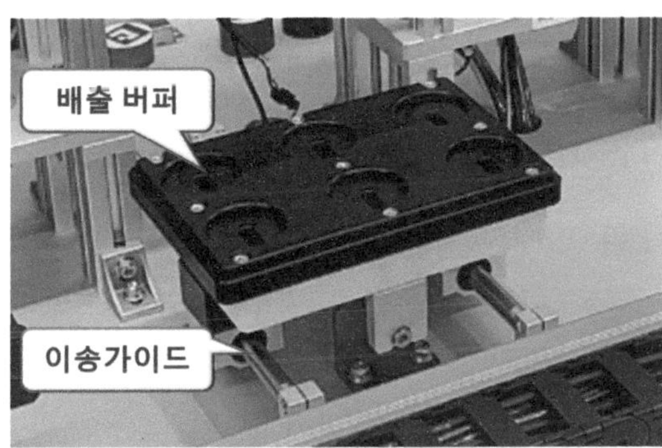

[그림 Ⅰ-35] 배출 버퍼 구성

2. 응용 애플리케이션

원자재가 투입되고 완제품의 생산까지의 업무 프로세스는 [그림 Ⅰ-19]로 요약할 수 있다. 고객으로부터 주문을 받기까지 영업은 모델 결정과 수량, 금액, 납기 등의 정보가 담긴 견적서를 발행하게 된다. 이를 통해 생산 계획을 잡게 되는데 수주가 등록되면 필요한 부품 목록 정보를 갖고 재고 등을 파악하고 일정을 수립하게 되고 BOP가 편집된다. 이를 통해서 자체 생산할 것과 외부에서 사오거나 제작할 것인지가 결정되고 필요한 재료나 부품 등을 구매하게 된다. 자체 생산과 구매품 등이 입고되면 제품이 완성되고 발주자에게 출하되게 된다.

업무 프로세스를 간단하게 설명하였지만, 담당 부서들과 담당자들이 여러 단계에 걸쳐 협력하기 때문에 명확한 정보의 전달과 정확한 의사결정과 책임 소재가 필요하다. 특히 제품의 종류가 다양해지고 납기는 짧아지고 높은 품질을 요구하는 분야일수록 이러한 프로세스를 얼마나 효율적으로 운영하는가는 기업의 경쟁력에 중요한 역할을 한다.

이러한 효율성을 위해 다양한 응용 애플리케이션이 필요하게 되었다.

본 시스템에서는 프로세스 중 계획을 중점으로 구성되었고 MES와 APS, MCS 3가지 애플리케이션을 하나의 플랫폼에서 구현하여 실험·실습할 수 있도록 하였다.

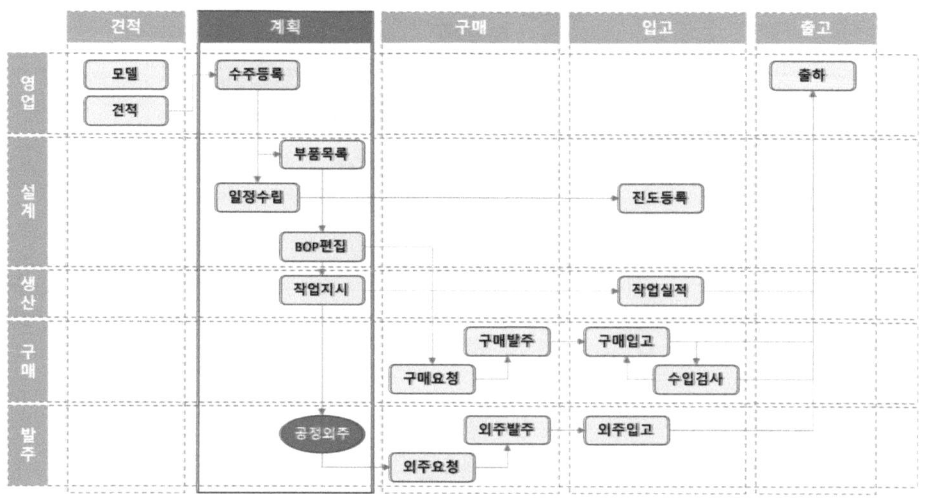

[그림 Ⅰ-36] 산업체의 업무 프로세스

(1) MES

일반적으로 MES는 Manufacturing Execution Systems의 약자로 제조 실행 시스템이라고 하며 주문받은 제품이나 공장 자체적으로 수립한 생산 계획을 기반으로 원자재, 부자재의 라인 투입에서 반제품 및 완제품의 출하 단계까지 최적으로 생산 활동을 수행할 수 있도록 한다. 작업을 지시하고 설비 상태, 최적화 수행, 품질 정보, 자재 재공, 생산 진행사항을 실시간으로 수집해서 조기 경보, 조치를 위한 의사결정에 정보를 제공하는 것이다.

요약해 보면 '생산 현장 및 자동화 설비 등과 상위의 ERP(전사적 자원관리, Enterprise Resource Planning) 등의 사이에서 제조 실행을 담당하는 제조 현장 관리시스템'이라고 할 수 있다.

MES는 미국의 생산기술연구소에서 1992년 처음 소개했으며 '주문에서 완제품까지 생산에 관련된 모든 과정을 최적화하기 위한 정보를 선달하는 시스템'으로 정의한다.

MES는 생산 현장에서 발생되는 정보를 4M1E(자재 material, 설비 machine, 작업 방법 method, 작업자 man, 에너지 energy)로부터 직간적적으로 정보를 수집 · 집계하고 실시간으로 정보를 처리함으로써 현장 작입자부터 경영층에 이르기까지 생산 현장의 실시간 정보를 공유할 수 있는 시스템 환경을 제공한다. 이러한 정보를 토대로 관리자 및 경영층에서 내려진 의사결정 정보가 다시 현장에 전달될 수 있는 환경을 제공하는 통합 시스템이다.

최근의 스마트팩토리에서는 좀 더 넓은 의미로 단순히 생산 제조 영역에 국한된 것이 아니라 제품의 주문에서 완제품에 이르기까지 생산 계획 계층이나 제어 계층까지 통합 온라인 시스템으로 운영해서 생산 현장 전반을 관리하는 시스템으로 역할을 하고 있다.

MES는 1990년에 처음 소개된 이후로 제조업체들의 다음과 같은 필요에 따라 개발됐다.

① 재공 재고(WIP: Work In Process) 감축

② 최종품 제조 소요 시간 (Manufacturing Cycle Time) 단축

③ 데이터 입력 시간 단축/제거

④ 공정 진척을 위한 종이 문서 축소/제거

⑤ 리드 타임(Lead Time) 단축

⑥ 제품 품질 향상(불량 요인 제거)

⑦ 종이 문서/도면 유실에 따른 손실 방지

⑧ 공장 작업자 및 중간 관리자 생산성 향상

MES는 미국의 MESA가 기능에 대한 표준화 작업을 1995년 이후 결성되어 실시하여 오고 있다. MES는 아래와 같은 크게 4가지의 기본 기능 아래에 각 서브 기능을 보유하고 있다.

① 공장관리(plant management) 기능

㉠ 서열관리(Plant Floor Priority)

㉡ 유지관리(Maintenance Management)

㉢ 현장 자재관리(Material Management)

㉣ 설비관리(Facility Management)

㉤ 배송 연결 및 관리(Distribution Management)

② 공장 품질(plan quality) 기능

㉠ SQC/SPC 추이 분석

㉡ 품질 분석을 위한 소요 비용의 추적

㉢ 부품 협력 업체에 대한 수입 검사에 따른 품질의 추적

㉣ 계측 장비의 교정과 추이의 추적

㉤ 수입 자재의 품질 검토

㉥ 현장에서 발생된 품질 문제의 분석

㉦ 샘플의 분석

㉧ Pareto Chart 의한 분석

㉨ 연구소 시스템과 정보 통합

③ 공장 기술 (plant engineering) 기능

㉠ PLC, DCS 에 프로그램 다운로드 기능

㉡ 로봇, CNC 디바이스 제어기기에 프로그램 다운로드 기능

㉢ PLC, DCS로부터 현장의 실시간 생산 활동 정보의 수집 및 감시

㉣ 생산 공정의 추이 정보의 압축

㉤ 현장의 제품의 추적(Lot No. 혹은 재공품)

㉥ 품질 정보의 실시간 추적(On-line 검사)

㉦ 보고

④ 공정 제어(process management) 기능

㉠ 동화상을 이용한 작업 지시 처리 - 멀티미디어 기술의 활용

㉡ 라우팅 정보의 개발 및 관리

㉢ CAPP(Computer Aided Process Planning: 컴퓨터 지원에 의한 공정 계획)

㉣ CAD/CAM/PDM와 통합화

㉤ 생산 기술의 데이터베이스화

㉥ 주문과 실행 서류의 일치화

㉦ 참고 생산 관련 서류를 작업자와 조장에 전달

㉧ 상호 작업 지시를 작업자에 가이드

㉨ 관련된 사용자와 응용, 제품과 공정 정보를 실시간으로 변경

㉩ DBMS에 접근될 수 있는 뱃지와 LOT의 저장

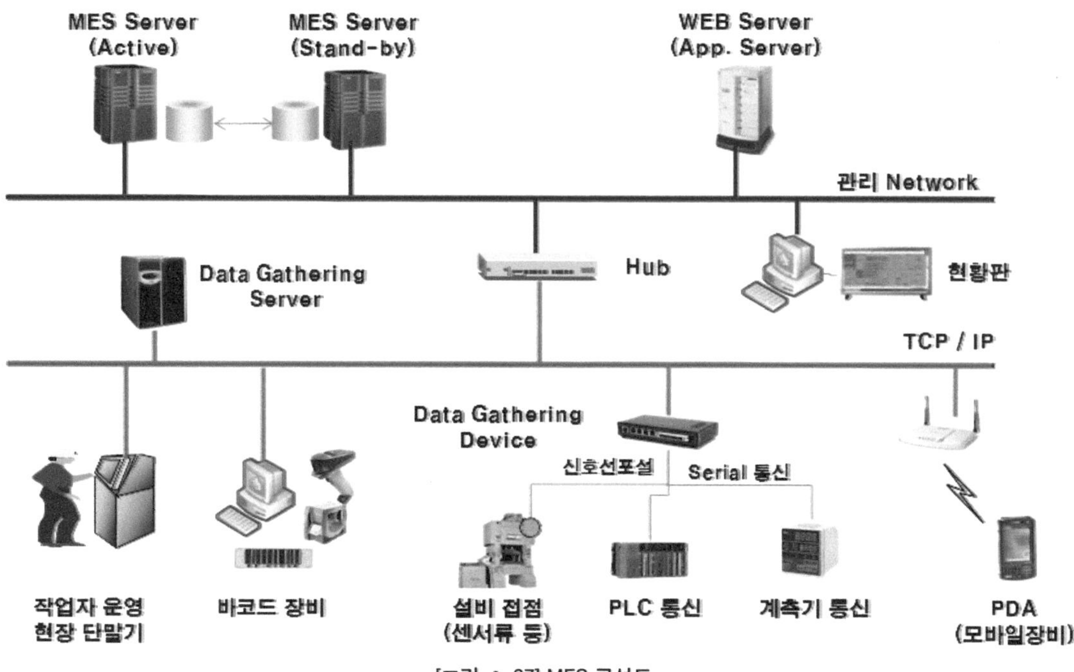

[그림 Ⅰ-37] MES 구성도

(2) APS

APS(Advanced Planning & scheduling, 고급 계획 및 스케줄링)는 수요를 충족하기 위해 원자재와 생산 능력을 최적으로 할당하는 제조리 프로세스를 말한다. APS는 단순한 계획 방법으로는 경쟁 우선순위 간의 복잡한 균형을 적절하게 해결할 수 없는 환경에 적합하다.

기존의 생산 계획 및 스케줄링 시스템(예: 제조 자원 계획)은 단계별 절차를 사용하여 자재 및 생산 능력을 할당한다. 이 접근 방식은 간단하지만 번거롭고 수요, 자원 용량 또는 자재 가용성의 변화에 쉽게 적응하지 못한다. 자재와 용량은 별도로 계획되며 많은 시스템에서 자재 또는 용량 제약을 고려하지 않아 계획이 실행 불가능하다. 그러나 새로운 시스템으로의 변화 시도가 항상 성공적인 것은 아니었고 경영 철학과 제조의 결합이 필요했다.

이전 시스템과 달리 APS는 사용 가능한 자재, 인력 및 공장 용량을 기반으로 생산을 동시에 계획하고 일정을 잡으며 일반적으로 다음 조건 중 하나 이상이 있는 경우 적용된다.

① 주문 제작(make to stock과 구별됨) 제조

② 설비 용량이 제한된 자본 집약적 생산 공정

③ 공장 용량에 대해 '경쟁하는' 제품: 각 시설에서 다양한 제품이 생산되는 곳

④ 많은 수의 부품 또는 제조 작업이 필요한 제품

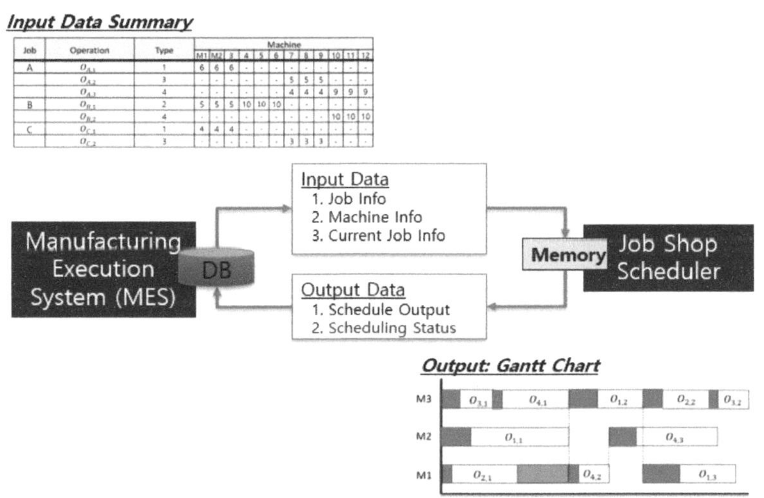

Job	Operation	Type	Machine											
			M1	M2	3	4	5	6	7	8	9	10	11	12
A	$O_{A,1}$	1	6	6	6	-	-	-	-	-	-	-	-	-
	$O_{A,2}$	3	-	-	-	-	-	-	5	5	5	-	-	-
	$O_{A,3}$	4	-	-	-	-	-	-	4	4	4	9	9	9
B	$O_{B,1}$	2	5	5	5	10	10	10	-	-	-	-	-	-
	$O_{B,2}$	4	-	-	-	-	-	-	-	-	-	10	10	10
C	$O_{C,1}$	1	4	4	4	-	-	-	-	-	-	-	-	-
	$O_{C,2}$	3	-	-	-	-	-	-	3	3	3	-	-	-

⑤ 생산은 이벤트 전에 예측할 수 없는 빈번한 일정 변경이 필요한 경우

[그림 Ⅰ-38] APS 구성도

(3) MCS

MCS(Material Control System)은 자재 관리 시스템으로 구매, 보관, 사용과 같은 자재 주기를 제어하여 중단 없는 생산 공정을 유지하는 것을 목표로 하는 시스템이다.

자재관리를 통해 필요한 시간에 고품질 자재를 가장 적은 자본 투자로 생산할 수 있다. 생산 중단을 방지하기 위해 최소 재고 수준을 유지한다.

재료는 완제품을 생산하는 데 필요한 투입물을 말한다. 그들은 하나 이상의 품목이 될 수 있으며 짧은 시간에 대체품을 찾기가 어렵다. 여기에는 생산 공정에 필요

한 직접 및 간접 원료가 모두 포함된다.

자재관리 시스템의 범위는 다음과 같이 구분할 수 있다.

① 자재 구매: 구매 부서는 공급자가 합리적인 가격으로 고품질 자재를 정시 납품할 수 있도록 해야 한다.

② 입고 자재 및 검사: 모든 자재는 GRN(Goods Received Noted)에서 명하기 전에 수량과 품질을 확인하기 위해 검사해야 한다.

③ 보관: 창고 관리자는 물리적 손상을 방지하기 위해 자재를 보관할 적절한 장소를 준비해야 한다. 저장소는 최소 수준의 인벤토리를 저장할 수 있을 만큼 충분해야 한다.

④ 생산 프로세스에 대한 문제: 모든 재고 문제는 적절한 재고 목록을 유지하기 위해 기록을 유지해야 한다. 그렇지 않으면 수량을 추적할 수 없다.

⑤ 재고 수준 유지: 판매, 생산, 구매, 창고 등 모든 관련 부서에서 논의하고 유지해야 하는 최소 재고를 계산해야 한다. 생산 요구사항을 반영하려면 재고 수준을 늘려야 한다.

자재관리 시스템의 목적은 다음과 같이 정의할 수 있다.

① 생산 보장: 자재관리의 주요 목적은 고객의 주문을 정시에 완료하기 위해 생산에 필요한 충분한 자재가 있는지 확인하는 것이다. 고정 비용이 매우 높아서 생산 중단 위험을 감당할 수 없다.

② 고품질 재료: 저품질 재료는 고객의 주요 관심사인 당사 제품에 직접적인 영향을 미친다. 또한, 품질이 낮은 재료는 낭비가 심하고 품질검사를 통과하지 못할 수 있다.

③ 낭비 통제: 낭비는 고객에게 어떤 가치도 제공하지 않는 비용이다. 제품의 품질을 해치지 않으면서 우리의 이익을 증가시켜야 한다.

④ 자본관리: 매장 재고 부족으로 인해 재고 수준이 낮아 생산이 일시 중지된다. 그러나 너무 많은 재료를 저장하고 다른 곳에 투자할 수 있는 막대한 자본을 지출해야 한다.

자재관리 시스템의 장점은 다음과 같다.

① 효과적인 재료관리 시스템은 회사가 생산에 필요한 충분한 원자재를 유지하는 데 도움이 될 것이며, 재료 부족으로 인한 제조 지연 위험을 방지한다.

② 또한, 재료의 품질을 일정 수준으로 유지하는 데 도움이 된다.

③ 재고를 너무 많이 유지하면 회사에 막대한 비용이 발생하기 때문에 MCS를 이용하여 생산에 필요한 자재량만을 유지하는 데 도움이 된다.

④ 회사가 원자재에 막대한 자본을 투자하는 것을 방지한다.

⑤ 적절한 통제는 사기와 절도의 위험을 줄이는 데 도움이 된다.

본 시스템에서는 6종의 자재를 생산 공정에 투입하기 위해 Job Schedule과 Selection Logic을 토대로 시스템 데이터베이스와 연동하여 구축되었다.

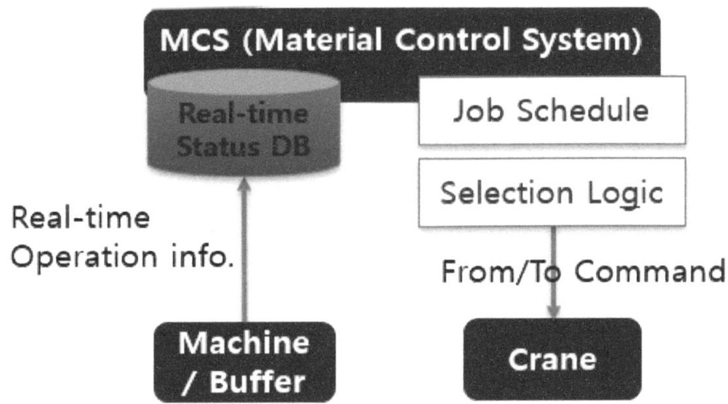

[그림 Ⅰ-39] MCS 구성도

(4) POP

POP는 Point of product의 약자로 생산 시점 정보관리이다. 생산 계획 및 작업지시서에 의거 실시간 작업이 발생되는 모든 정보 및 자료, 즉 재공, 재고, 계획 대비 실적, 불량 정보, 설비 가동/비가동 등의 라인별, 공정별 생산 현황 정보를 실시간으로 집계, 분석, 조회할 수 있도록 하는 시스템이라 할 수 있다.

이를 통하여 정확한 생산량 및 작업 현황 파악, 생산 자원의 부하 계산과 생산 지시로 설비 가동의 효율화, 현장 정보를 실시간 수집을 통한 표준화된 자료 산출, 작업표준 및 공정 계획의 신속한 현장 전달로 계획과 생산의 피드백 체제를 구축할 수 있다.

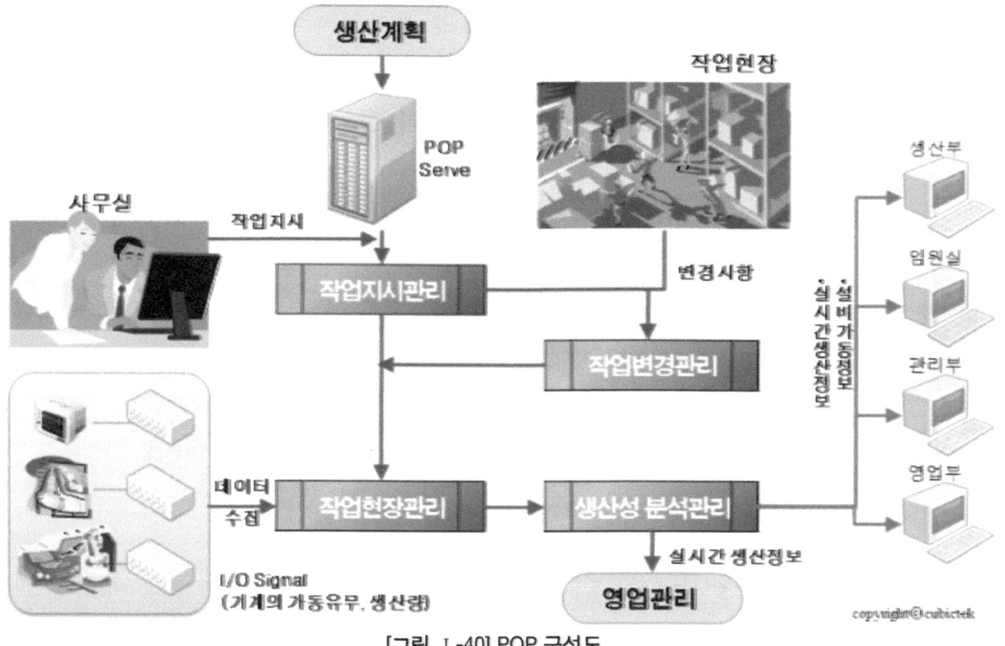

[그림 I -40] POP 구성도

공장관리에서 POP는 크게 네 가지의 관리(생산관리, 원가관리, 품질관리, 기계설비관리) 분야에 활용될 수 있다.

① 생산관리와 POP

현장에서 생산관리를 한다는 것은 다음과 같은 업무를 수행하는 것이다.

㉠ 공정 계획의 작성과 변경

㉡ 작업 지시

㉢ 생산 진척 상황의 파악

㉣ 가동 상황의 파악

㉤ 생산 실적의 수집

㉥ 원 · 부자재 재고, 재공품 재고, 제품 재고의 수량 파악

㉦ 생산 능력의 조정

㉧ 작업 지시의 경우에는 작업자나 기계 라인의 표시 장치를 통한 직접 지시

② 원가관리와 POP

품종별, LOT별로 개별 원가를 실적 그대로 정확하게 파악하는 데는 POP 시스템이 유용하다. 현장에서 수집할 수 있는 원 단위로는 원·부자재의 사용량, 기계 설비의 가동 시간, 에너지 소비량, 공수(교체 공수, 부가가치 공수) 등이 있다. 이것을 품종별, LOT별 또는 제조사별로 수집하려면, 각 공정에서 해당 LOT의 원 단위를 생산 시점에서 수집할 수밖에 없다.

③ 품질관리와 POP

품질관리의 방법 그 자체는 예전과 같은 것도 많지만, POP시스템을 사용하면, 생산 도중에 방법을 집계, 불량 분석 등을 실시하여 실시간으로 라인에 피드백시킬 수 있다.

가공 이력 정보에서 불량의 원인이 되는 공정이나 기계를 찾아낼 수 있다.

④ 기계/설비관리의 POP

기계설비를 관리하는 목적은 두 가지다. 기계설비를 효과적으로 활용하려는 운영의 목적과 설비의 노화나 고장에 대응하려는 보전의 목적이 그것이다. 이 가운데 POP 시스템은 전자는 가동관리, 후자는 상태 보전 또는 설비 진단을 위한 시스템으로써 유용하다.

[표 Ⅰ-11] POP의 주요 기능

작업 지시 자동 전송	작업 지시의 변경이 발생할 때마다 같은 작업이 되풀이되는 현상을 POP 시스템 사용 후 현장과 사무실에서 발생하는 사항들에 즉각적인 대처가 가능하고 시간 절약된다.
일일 생산실적 자동 집계	현장에서 생산되는 제품을 작업자가 수작업으로 집계하며 사무실에서 담당자가 직접 입력하지만, POP 시스템 사용 후 현장에서의 정확한 DATA 집계를 통해 현장과 사무실과의 일원화된 COMPUTER NETWORK SYSTEM이 실현되므로 일일 생산실적을 자동 집계할 수 있다.
현재 생산 현황, 입고 내역 REAL TIME 조회	현장으로 전화 연락이 오면 담당자가 직접 방문해야 하지만, POP 시스템 사용 후 현장의 상황을 사무실에서 실시간으로 조회 가능하다.
생산성 분석관리	비가동 내역 분석, 일일 가동률 분석, 30대 분대별 생산력 분석 등 생산성 및 가동 분석을 관리하는 기능이 있다.
가동 현황 관리	생산 진행 상황(가동/비가동, 생산량 불량 등)을 실시간으로 화면에 보여 주며, 정확한 비가동 요인을 현장에서 입력 후 가동/비가동 현황의 관리 기능

현장 관리자의 업무 수행에 필요한 정보를 관리 항목별로 묶어 보면 크게 네 가지로 나눌 수 있다. 생산 관리에 필요한 정보, 원가 관리에 필요한 정보, 설비 기계 관리에 필요한 정보, 품질 관리에 필요한 정보가 그것이다.

또한 현장 관리자에게 필요한 정보를 발생원에 따라 살펴보면, 4개의 발생원이 있다. 그중 첫 번째는 가공이나 조립을 하는 기계이고, 두 번째는 생산을 지원하는 설비다. 열, 전력, 물, 압축 공기, 윤활유, 원자재들을 공급하는 설비나 공조 설비 등이 여기에 해당한다. 세 번째는 가공 대상물이며, 마지막으로 작업자다.

[표 Ⅰ-12] 현장 관리자에게 필요한 정보와 발생원

관리 항목과 정보	발 생 원			
	기계	설비	가공물 대상	작업자
생산 관리용 정보	생산 능력 사용 가능 대수 생산 진척 정보 작업 투입 수량 처리 시간 생산량 불량 수	생산 능력 사용 여부	재고 수 공정 간 위치	시작 LOT 번호 시작 시간 종료 시각 작업 내용
원가 관리용 정보	가동 시간 처리 시간 재료 사용량 생산수	에너지 사용량 원자재 사용량	원재료 재고 재공품 재고 제품 재고	부가가치 공수 준비 공수 관리 외 공수
기계설비 관리용 정보	가동 상태 가동 시간 비가동 시간 고장 시간 작동 상태 사용 이력	운전 상태(온도, 압력, 유량, 전력) 작동 상태(진동, 온도, 압력, 전류) 사용 이력	가공 이력	비가동 내역 (준비, 공정 대기, 재료 대기, 금형, 문제 발생, 품질 문제, 휴지, 기타)
품질 관리용 정보	운전 조건 고장 시간 복구 시간	운전 조건 고장 시간 복구 시간	가공 이력 특성 성능 불량 내역	검사수 양품수 불량수 불량 내용

⑤ 기계에서 얻는 정보

기계의 제어용 마이크로프로세서(PLC 및 시퀀스), 제어 회로의 IC 회로나 릴레이(Relay) 회로, 리미트 스위치(Limit Switch)나 포토 센서(Photo Sensor) 등으로부터 투입 자재의 개수나 길이, 생산 개수와 불량 개수, 동작 횟수, 가동 시간과 비가동 시간, 처리 시간, 고장 시간, 고장 내용 등의 정보를 얻을 수 있다.

⑥ 설비에서 얻는 정보

설비에 부착되어 있는 각종 센서나 제어 장치로부터 설비의 운전 상태(온도, 압력, 유량), 이상 상태, 노화 상태(진동, 온도, 압력, 전류), 동작 주기, 원료 사용량,

에너지 소비량, 사용 이력 등의 정보를 얻을 수 있다.

⑦ 가공 대상물에서 얻는 정보

가공 대상물(원·부자재, 반제품 등)이나 그것을 옮겨 주는 운반 용구에 붙어 있는 바코드, 자기 테이프, 데이터 전송 매체(data carrier) 등으로부터 품목 정보와 가공 대상물의 위치를 알 수 있으므로, 재고나 공정 진척을 알 수 있다.

또 가공 대상물의 형상, 성능, 특성 등은 각종 계측기나 시험기를 통해 정보를 얻어낼 수 있다.

⑧ 작업자에게서 얻는 정보

작업자로부터는 각종 맨 머신 인터페이스(MMI: Man Machine Interface), 버튼이나 키를 조작하여 현재 작업 중인 반제품의 번호나 LOT 번호, 작업 내용, 시작 시간과 종료 시간 등은 물론이고 비가동 요인(교체, 자재 준비, 공정 준비, 금형 트러블, 품질 트러블, 휴지 등)에 대한 정보를 얻을 수 있다. 그리고 직접 눈으로 검사하여 검사 품목 수량, 합격 수량, 불합격 수량, 불합격 내용 등의 정보를 얻을 수 있다.

POP 시스템의 구성을 계층적으로 표시하면 정보 발생원 층(1층), 인터페이스 층(2층), POP 네트워크 층(3층), 컴퓨터나 워크스테이션 층(4층), 상위 네트워크 층(5층), 호스트 컴퓨터 층(6층)과 같이 6개의 층으로 이루어져 있다. 여기서 1층부터 4층까지는 POP 시스템이라 부르는데, 이것은 구문마다, 작업장마다 구성된다.

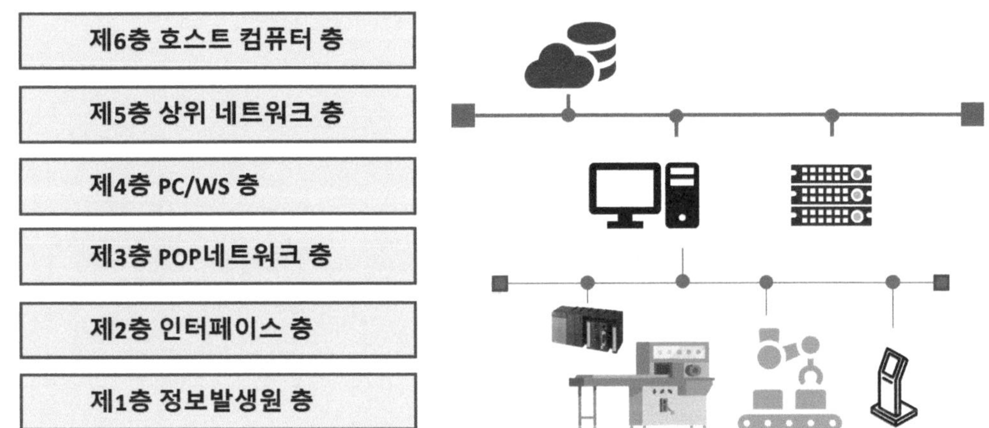

[그림 Ⅰ-41] POP 시스템의 통신 구조도

용어 해설	로트(LOT)란 생산의 단위로서 동일한 조건 아래에서 만들어진 균일한 특성 및 품질을 갖은 제품군이다. 로트(lot) 또는 배치(batch)라고도 한다.

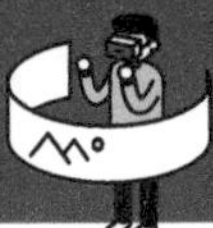

PART Ⅱ 시스템 구동

단원 소개

시스템(system)의 사전적 정의는 중앙처리장치, 기억 장치, 입출력 장치, 통신 회선 등의 유기적 결합을 의미하는데 제조에서 하드웨어와 소프트웨어가 결합된 형태를 지칭하는 용어로 사용되고 있다. 스마트제조 공정 시스템은 4개의 워크스테이션과 로봇, PLC, 서버 등의 하드웨어와 APS, MES 등의 소프트웨어로 구성되어 있으며 두 개는 통신 회선과 프로토콜로 연동되고 있다.
이번 단원에서는 시스템 구동 환경을 중심으로 서버, 데이터베이스, 네트워크에 대해 살펴본다.

CHAPTER 01

4차 산업혁명 시대, 스마트 공장 구축을 위한 스마트제조 & 공정 시스템

서버 컴퓨터 이해 

학습 목표

1. 서버 컴퓨터를 이해하고 설명할 수 있다.
2. 데이터베이스를 이해하고 설명할 수 있다.
3. SQLite 명령어를 이해하고 설명할 수 있다.

1. 서버의 정의

서버(server)는 클라이언트에게 네트워크를 통해 서비스하는 컴퓨터를 의미한다. 실제 인터넷은 수많은 서버, 라우터 등이 거미줄처럼 얽혀서 형성된 것이다. 홈페이지를 운영하려면 직간접적으로 서버가 필요하며, 온라인 게임이나 웹 게임들도 서버를 통해서 서비스하고 있다. 보통 어느 정도 규모가 있는 기관에서는 데이터베이스, 웹 애플리케이션 서버 등에 방화벽, 라우터 등이 붙어 네트워크를 형성한다.

앞서 나온 구글 데이터센터의 서버들처럼 랙 안에 설치되어 항온항습기를 사용해 온도/습도가 유지되는 환경에서 소중히 모셔지는 경우에서부터, 그냥 일반적인 PC를 사용하여 서비스를 제공하는 경우까지 매우 다양하다.

서비스 규모가 커질수록 서버의 규모도 커지기 때문에 구글이나 페이스북 같은 세계구급 서비스의 경우 자체적으로 데이터 센터를 운영하는 경우가 있다. 국내에서도 2013

년 6월 네이버에서 데이터센터를 완공하여 운영하기 시작했는데 구글 데이터센터나 네이버 데이터센터 그리고 페이스북 데이터센터 등은 규모가 엄청난 것을 알 수 있다. 그러나 데이터센터는 상당한 돈과 기술을 필요로 하기에, 이를 직접 운영하는 경우는 생각외로 거의 없다. 대부분의 경우는 임대를 하고, 외주 업체에게 관리를 위탁한다.

VPS 호스팅 업체에서는 가상 서버라는 것을 임대한다. 물리적 서버를 나누어 관리자 권한을 가진 서버를 가질 수 있다. 가상 서버 한 개를 임대하면 웹서버를 포트를 정하여 여러 개 운영할 수 있다. 이론적으로 사용 가능한 포트 번호는 0~65535 사이이나, 이 중 상당수의 포트는 이미 예약되어 있다. 1024 이하의 포트는 정해진 프로토콜 이외에는 함부로 사용하지 않는 것이 좋다.

(1) 서버 하드웨어

서버 하드웨어는 주로 'IA(Intel Architecture) 서버'와 '엔터프라이즈 서버' 두 가지가 있다. 양쪽 서버 모두 메인보드, CPU, 메모리, 디스크, NIC(Network Interface Card: 네트워크 인터페이스 카드), PSU(Power Supply Unit: 파워 서플라이 유닛)와 같은 주요 부속의 조합으로 구성된다. 하드웨어 측에서 서버의 종류를 따져 보면 랙 마운트형 서버, 타워형 서버 형태도 있고 아예 가상 서버처럼 물리적 형태가 없는 경우도 있다.

서버를 위한 하드웨어는 기본적으로 컴퓨터와 동등한 플랫폼이면 되지만, 접속자수가 늘어나고 접속자들의 작업량이 많아지는데도 원활한 접속을 24시간 안정적으로 제공하려면 가정용 컴퓨터 정도로는 부족해지기 시작한다. 이럴 때는 서버 전용 하드웨어를 사용한다.

안정성을 높이기 위해 좀 더 비싼 고급 부품을 쓰고 하드디스크와 전원 장치는 2개 이상씩을 달아 서버를 끄지 않는 상태에서도 교체가 가능한 값비싼 컴퓨터를 사용한다. 가정용 컴퓨터는 나만 필요할 때 쓰고 끄면 되지만 서버의 경우는 다른 사람들도 접속하여 사용하므로 특별한 일이 없다면 24시간 내내 풀가동된다. 보통 인터넷 서비스에 사용되는 서버는 랙마운트에 수납되어 데이터 센터에서 관리한다.

컴퓨터의 성능 외에 서버를 운영하는 데는 가정용 회선으로는 부족할 수도 있다. 보통 분산 서비스 거부 공격 테러를 한다고 하면 타깃이 되는 것이 바로 이 서버이다. 접속량을 과도하게 늘리면 서버가 감당하지 못하다 뻗어버림으로써 사이트가 마비된다.

CPU나 메인보드 같은 것도 엄연히 서버용이 따로 존재하고 가격 또한 비싸다. CPU는 인텔의 제온, AMD의 EPYC 등이며, RAM 역시 일반적인 DDR SDRAM이 아닌 레지스터드 ECC RAM을 쓴다. 서버 메인보드 역시 안정성을 최우선으로 하기 때문에 이에 악영향을 주는 오버 클럭은 하지 않고 중대형 서버 정도 되면 E-ATX 또는 SSI 규격의 사이즈이다.

중대형 서버용 메인보드 기판의 구성을 보면 다음과 같다.

① 듀얼 or 쿼드 CPU 소켓

② 최소 6개 이상의 ECC RAM 소켓

③ PCH. 인텔은 샌디 브리지-E 제온 이후부터 단일 칩셋을 사용하며, AMD EPYC은 별도의 칩셋 없이 CPU만으로 구동 가능

④ 원격관리를 위한 BMC 컨트롤러. HPE는 iLO, 델은 iDRAC 등 다른 이름으로 부르기도 한다. BMC에는 딱 화면만 나오는 2D 전용 그래픽 칩셋이 포함되며 Aspeed AST2000, ATI Rage, Matrox G200 등 고대의 그래픽 칩셋이 아직도 쓰인다.

⑤ 듀얼 포트 이상 LAN 칩셋

⑥ PCIe x16, x8, x4 등 슬롯

(2) 서버 OS

서버 컴퓨터용 OS도 따로 있다. 직접 사용하기보다는 외부에 서비스를 제공하는 게 목적이므로 일반용과는 차이가 많다. 유닉스, 리눅스 계열 서버 운영 체제는 대부분 CLI인 경우가 많은데 이들 컴퓨터에는 모니터조차 달지 않고 서비스하기 때문이다. 물론 원하면 X11을 깔아서 VNC 등을 통해 GUI를 쓸 수도 있지만 리눅스 계열은 GUI가 오히려 더 불편한 운영 체제라 인기는 거의 없다. 굳이 그래픽 출력이 필요한 경우에는 차라리 웹 서버를 올려서 외부에서 웹 브라우저를 통해 제어하게 만드는 게 추세다. CUI라고는 해도 멀티태스킹이 되기 때문에 창을 여럿 띄워 놓고 작업하면 그렇게 크게 불편하지도 않다.

윈도우 서버의 경우는 가정용과 인터페이스 차이가 거의 없다. 물론 인터페이스만 차이가 거의 없는 거지 서비스 구성이나 사용자 정책, 보안 구성 등은 철저히 서버용으로 튜닝되어 있다. 예를 들어 윈도우 서버의 경우 제어판 항목에 접근하기 쉽게 배려해 두었고 인터넷 익스플로러는 최고 단계의 보안이 적용되어 있다.

(3) 서버 컴퓨터 사양

① 3.5인치 섀시 최대 핫플러그 하드 드라이브 4개

② 인텔® 제온® E-2134 3.5GHz, 8M 캐시, 4C/8T, turbo (71W)

③ 16GB 2666MT/s DDR4 ECC UDIMM

④ PERC H330 RAID 컨트롤러, 어댑터

⑤ 600GB 10K RPM SAS 12Gbps 512n 2.5인치 핫플러그 하드 드라이브

⑥ iDRAC9, Express

⑦ 온보드 Broadcom 5720 듀얼 포트 1Gb LOM

⑧ 듀얼, 핫플러그, 예비 전원 공급 장치, 350W

⑨ DVD +/-RW, SATA, 내장형 핫플러그 섀시용

⑩ 1년 ProSupport 및 미션 크리티컬: (7x24) 4시간 이내 방문 서비스

⑪ ReadyRails 슬라이딩 레일, 케이블 관리대 포함

⑫ WinSvrSTDCore 2019 SNGL OLP 16Lic NL CoreLic

⑬ WinSvrCAL 2019 SNGL OLP NL UsrCAL

⑭ V3 Net for Windows Server 9.0

[그림 II-1] 서버 시스템

(4) 서버

서버와 데스크톱 컴퓨터의 다른 점은 '설계 목적'에 있다. 데스크톱 컴퓨터는 일반 사용자를 위해 상대적으로 작은 크기의 하드웨어에서도 원활한 그래픽, 사운드를 가진 '멀티미디어 환경'을 제공하는 데에 목적이 있다. 이를 통해 일반 사용자들이 컴퓨터로 일을 하거나 영화를 보고, 게임을 할 수 있게 된다.

반면 서버는 언제, 어디서나 접속할 수 있는 데이터베이스와 MES 서비스를 제공하기 위해 신뢰성에 초점이 맞춰져 있다. 디자인 또한 서버가 가동하면서 발생하는 열을 효율적으로 배출할 수 있도록 설계되어 있다. 몇몇 부품은 하나가 고장을 일으키더라도 동일한 다른 부품이 곧바로 이를 대체할 수 있도록 이중화되어 있기도 하다.

또한, 서버는 대용량의 데이터를 빠르게 처리하기 위한 컴퓨팅 능력을 제공하는 데 목적이 있다. 서버의 컴퓨팅 능력을 결정짓는 CPU와 RAM을 여러 개 장착하여 필요에 따라 이 능력을 확장할 수 있기도 한다. CPU는 보통 2개에서 많게는 6개 이상까지, RAM은 12개 이상을 장착할 수도 있다. 일반적인 데스크톱 컴퓨터가 CPU 1개, RAM 4개가 장착된 것에 비하면 어마어마한 처리 능력을 가지고 있다고 볼 수 있다.

원칙적으로 서버에는 높은 안정성이 요구되므로 HP, IBM, Dell과 같이 유명한 서버 제조업체가 제공하는 정품 서버를 사용하고, 서버 전용 운영 체제를 설치하는 것이 좋다. 정품 서버는 서버 보증 기간을 데스크톱 컴퓨터보다 더 오래 두고 있으며, 기술 지원 체계도 잘 갖추어져 있다.

일반적인 데스크톱 컴퓨터도 서버의 역할을 할 수는 있다. 하지만 대중적인 승용차로 서킷 레이스를 하기에는 무리가 있듯이, 데스크톱 컴퓨터가 서버를 완전히 대체할 수는 없다. 목적에 맞는 인프라를 적절히 선정하여, 이후 인프라를 운영함에 있어 발생할 수 있는 실패 가능성을 줄이는 방법으로 정기 데이터베이스 백업 등의 작업을 하게 된다.

2. 데이터베이스의 이해

데이터베이스(database, DB)는 여러 사람이 공유하여 사용할 목적으로 체계화해 통합, 관리하는 데이터의 집합이다.[1] 작성된 목록으로써 여러 응용 시스템들의 통합된 정보들을 저장하여 운영할 수 있는 공용 데이터들의 묶음이다. 데이터베이스에 속해 있는 모델은 다양하다.

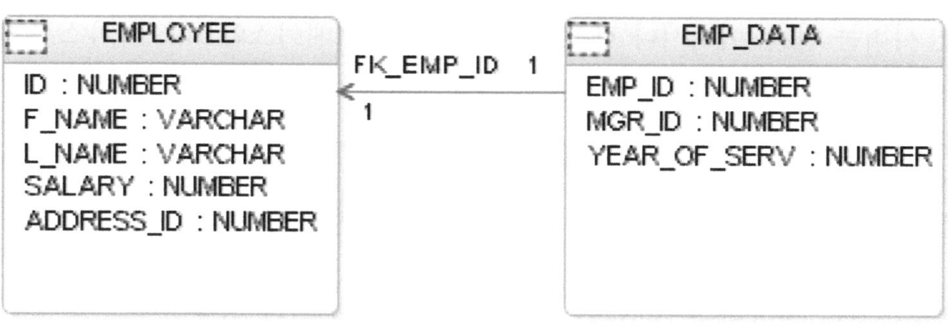

[그림 Ⅱ-2] 데이터베이스 모델

여러 사람이 공유하고 사용할 목적으로 통합 관리되는 정보의 집합이다. 논리적으로 연관된 하나 이상의 자료의 모음으로 그 내용을 고도로 구조화함으로써 검색과 갱신의 효율화를 꾀한 것이다. 즉 몇 개의 자료 파일을 조직적으로 통합하여 자료 항목의 중복을 없애고 자료를 구조화하여 기억시켜 놓은 자료의 집합체라고 할 수 있다.

공동 자료로서 각 사용자는 같은 데이터라 할지라도 각자의 응용 목적에 따라 다르게 사용할 수 있다.

(1) 데이터베이스의 특징

① 실시간 접근성
② 지속적인 변화
③ 동시 공유
④ 내용에 대한 참조
⑤ 데이터 논리적 독립성

(2) 데이터베이스의 장단점

1) 데이터베이스 장점

① 데이터 중복 최소화
② 데이터 공유
③ 일관성, 무결성, 보안성 유지
④ 최신의 데이터 유지
⑤ 데이터의 표준화 가능
⑥ 데이터의 논리적, 물리적 독립성
⑦ 용이한 데이터 접근
⑧ 데이터 저장 공간 절약

2) 데이터베이스 단점

① 데이터베이스 전문가 필요
② 많은 비용 부담
③ 데이터 백업과 복구가 어려움
④ 시스템의 복잡함
⑤ 대용량 디스크로 엑세스가 집중되면 과부하 발생

(3) 데이터베이스 모델

데이터베이스 구현을 위한 현재 몇몇 개념화된 논리적 데이터 모델은 다음과 같다.

1) 관계 데이터 모델

관계 데이터 모델(relational datamodel)은 데이터 모델 중에서 가장 개념이 간단한 모델이다. IBM연구소에서 근무하던 코드(E.F.Codd)가 1970년에 제안했다. 이 모델은 상대 수학적인 이론을 기반으로 한다. 코드가 수학자였기 때문에 수학 분야, 특히 집합론과 논리 분야의 개념을 사용했다. 데이터 모델을 개발하기 위해서 테이블 관계로 묘사하는 이론적 모델 과정이 발생하는데 이를 개체 관계 모델(entity relational model)이라고 한다. 이 관계 데이터베이스를 위한 설계 과정은 이론적으로 관계 수학에 기초한 실지 구현이라 보면 된다. 현실 세계는 객체 관계 그림(다이어그램)으로 표현되며, 개체와 그 관계는 각기 사각과 선으로 그려진다.

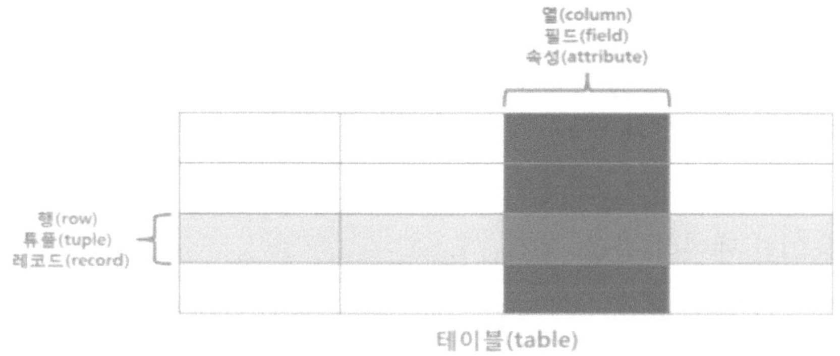

[그림 II-3] 관계 데이터 모델

관계형 데이터베이스의 특징은 다음과 같다.

① 데이터의 분류, 정렬, 탐색 속도가 빠름

② 오랫동안 사용된 만큼 신뢰성이 높고, 어떤 상황에서도 데이터의 무결성 보장

③ 기존에 작성된 스키마를 수정하기가 어려움

④ 데이터베이스의 부하를 분석하는 것이 어려움

2) SQL

개체 관계형 데이터베이스를 지원하기 위해 1974년 IBM연구소에서 만든 SQL(Structured Query Language, 원어 SEQUEL: Structured English Query Language)가 창안되었으며, 이 언어는 수학적 관계 대수와 관계 논리(relational calculus)에 기반을 두고 있다. 데이터 모델은 데이터를 조작하기 위한 연산집합을 가져야 한다. 왜냐하면 그것은 데이터베이스 구조와 제약 조건을 정의하기 때문이다. 다시 말해, 관계 데이터 모델 연산집합(a set of operations)은 관계 대수로 표현되고, 그 연산은 사용자에게 여러 질의를 가능하게 한다.

(4) 데이터베이스 관리 시스템(DBMS)

데이터베이스 설계 후 데이터베이스 관리 시스템을 사용해야 한다. 여러 가지 데이터베이스 관리 시스템 선택 사항(DBMS)이 존재한다.

데이터베이스 관리 시스템으로 현재에는 많이 사용하지 않으나 IBM 메인프레임 환경하에서 운영되는 'IMS'가 있다. IMS는 정보관리 시스템(Information Management System)의 약자로 DBMS와 DC 기능을 수행한다. IMS가 관리하는 DB 종류에는 'DEDB'와 'MSDB'가 있다. DEDB는 Data Entry DB로 전통적인 계층형 DB이며 MSDB는 주기억 DB로 시스템 가동 시 주 메모리에 상주하는 DB로 빠른 접근이 필요한 업무에 사용된다. 다만 접근 속도가 매우 빠른 반면 메모리에 상주하기 때문에 용량 및 구조에 제한이 많다.

1) DBMS 언어 선택

데이터베이스 언어는 다음과 같이 이루어져 있다.

① 데이터 정의 언어(DDL: data definition language)

- Create, Alter, Drop 등의 명령어

② 데이터 조작 언어(DML: data manipulation language)

- Select, Insert, Delete, Update 등의 명령어

③ 데이터 제어 언어(DCL: data control language)

- Grant, Revoke, Commit, Rollback 등의 명령어

2) 인덱싱

데이터베이스는 흔히 다음과 같은 ACID 규칙을 만족해야 한다.

① 원자성(原子性, Atomicity): 한 트랜잭션의 모든 작업이 수행되든지, 아니면 하나도 수행되지 않아야 한다. 트랜잭션이 제대로 실행되지 않았으면 롤백(roll back)한다.

② 일관성(一貫性, Consistency): 모든 트랜잭션은 데이터베이스에서 정한 무결성(無缺性, integrity) 조건을 만족해야 한다.

③ 격리성(隔離性, Isolation): 두 개의 트랜잭션이 서로에게 영향을 미칠 수 없다. 트랜잭션이 실행되는 동안의 값은 다른 트랜잭션이 접근할 수 없어야 한다.

④ 내구성(耐久性, Durability): 트랜잭션이 성공적으로 끝난 뒤에는 (시스템 실패가 일어나더라도) 그 결과가 데이터베이스에 계속 유지되어야 한다.

⑤ 병행 제어(竝行制御, concurrency control)는 트랜잭션을 안전하게 처리하고 ACID 규칙을 만족시키는 기술이다.

3) 데이터베이스의 주요 용어

① 열(column)

각각의 열은 유일한 이름을 가지고 있으며, 자신만의 타입을 가지고 있다. 이러한 열은 필드(field) 또는 속성(attribute)이라고도 한다.

② 행(row)

행은 관계된 데이터의 묶음을 의미한다. 한 테이블의 모든 행은 같은 수의 열을 가지고 있다. 이러한 행은 튜플(tuple) 또는 레코드(record)라고도 불린다.

③ 값(value)

테이블은 각각의 행과 열에 대응하는 값을 가지고 있다. 이러한 값은 열의 타입에 맞는 값이어야 한다.

④ 키(key)

테이블에서 행의 식별자로 이용되는 열을 키 또는 기본 키(primary key)라고 한다.

즉 테이블에 저장된 레코드를 고유하게 식별하는 후보 키(candidate key) 중에서 데이터베이스 설계자가 지정한 속성을 의미한다.

⑤ 관계(relationship)

테이블 간의 관계는 관계를 맺는 테이블의 수에 따라 다음과 같이 나눌 수 있다.

㉠ 일대일(one-to-one) 관계

㉡ 일대다(one-to-many) 관계

㉢ 다대다(many-to-many) 관계

관계형 데이터베이스에서는 이러한 관계를 나타내기 위해 외래 키(foreign key)라는 것을 사용한다. 외래 키는 한 테이블의 키 중에서 다른 테이블의 행을 식별할 수 있는 키를 의미한다.

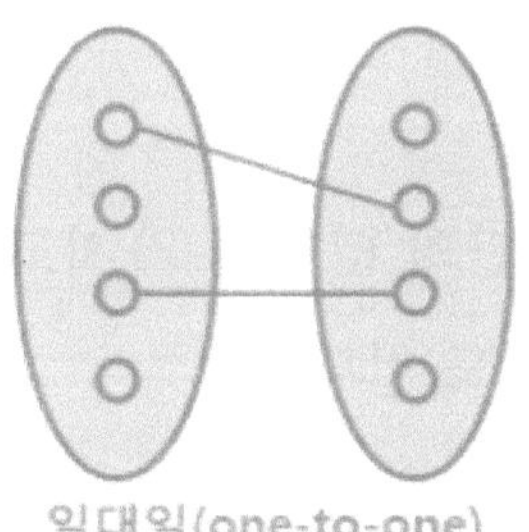

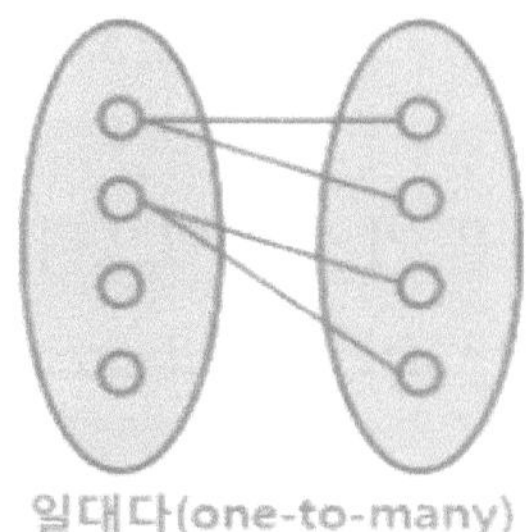

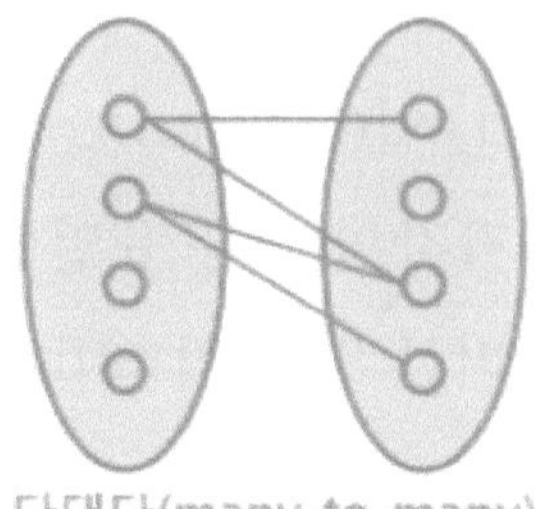

[그림 II-4] 테이블 간의 관계

⑥ 스키마(schema)

스키마는 테이블을 디자인하기 위한 청사진이라고 할 수 있는데 테이블의 각 열에 대한 항목과 타입뿐만 아니라 기본 키와 외래 키도 나타내야 한다.

스키마는 개체-관계 다이어그램(entity-relationship diagram)이나 문자열로 표현할 수 있다.

3. SQLite 사용 방법

SQLite는 클라이언트 응용 프로그램에 임베디드되어 동작하는 DBMS 소프트웨어로서 퍼블릭 도메인 오픈 소스 소프트웨어이다. 안드로이드, iOS, macOS에 기본적으로 포함되어 있다. 공식적인 약칭은 아니지만 약칭은 SQL + Lite(Light)이다.

데이터베이스 전체를 파일 하나에 저장하기 때문에, 파일을 통째로 복사하면 백업이 끝난다. 또한, 모든 기능을 라이브러리 내에서 구동할 수 있어서, 따로 미들웨어를 쓰지 않아도 프로그램에 라이브러리만 포함시켜 사용할 수 있다. 표준 SQL 문법을 지원하기 때문에 따로 학습해야 하는 것도 별로 없다. 다만 성능은 '라이트'에 맞게 경량화되어 있어서 보다 전문적인 데이터베이스를 구축하고 싶다면 기능이 다소 부족할 수도 있다.

(1) 테이블 생성

1) 테이블 생성

```
CREATE TABLE IF NOT EXISTS 테이블명(
    컬럼명1 데이터 타입1 제약 조건,
    컬럼명2 데이터 타입2 제약 조건,
    컬럼명3 데이터 타입3 제약 조건,
    테이블_제약 조건
) WITHOUT ROWID;
```

```
create table user (
    ID INTEGER NOT NULL PRIMARY KEY AUTOINCREMENT,
    Name TEXT NOT NULL,
    Age INTEGER
);
```

2) 데이터 타입

[표 II-1] IT 기술 트렌드의 변화

데이터 타입	내용
NULL	Null 값
INTEGER	1, 2, 3, 4, 6, 8 bytes 정숫값
REAL	8 bytes 부동소수점 값
TEXT	UTF-8, UTF-16BE, UTF-16LE 인코딩 문자열
BLOB	입력된 그대로 저장됨 (이미지, 비디오, 오디오 파일을 데이터베이스에 저장)

3) 제약 조건

① PRIMARY KEY: 그 컬럼이 기본 키가 됨.

기본 키는 하나 이상의 컬럼의 조합으로 설정되고, 테이블에 하나만 존재하게 됨.

기본 키는 다른 데이터와 중복된 값을 포함할 수 없음.

〈1〉 PRIMARY KEY 기본 형태

```
CREATE TABLE 테이블명(
  컬럼명1 INTEGER NOT NULL PRIMARY KEY,
  ...
);
```

```
CREATE TABLE table(
  pk INTEGER PRIMARY KEY
);
```

〈2〉 여러 컬럼을 조합하는 형태

```
CREATE TABLE 테이블명(
  컬럼명1 데이터 타입1 NOT NULL,
  컬럼명2 데이터 타입2 NOT NULL,
  ...
  PRIMARY KEY(컬럼명1, 컬럼명2,...)
);
```

```
CREATE TABLE languages (
  id INTEGER,
  name TEXT NOT NULL,
  PRIMARY KEY (id, name)
);
```

② NOT NULL: 반드시 데이터가 존재해야 하는 컬럼 제약 조건

```
CREATE TABLE 테이블명 (
    ...,
    컬럼명1 데이터 타입 NOT NULL,
    ...
);
```

```
CREATE TABLE table1(
   id INTEGER PRIMARY KEY,
   name TEXT NOT NULL
);
```

③ DEFAULT: 컬럼에 아무 값이 없을 경우 NULL 대신 기본값이 입력되는 제약 조건

```
CREATE TABLE 테이블명 (
    컬럼명1 데이터 타입 DEFAULT 값,
    ...
);
```

```
CREATE TABLE table1(
   id INTEGER PRIMARY KEY,
   name TEXT NOT NULL
);
```

④ UNIQUE: 특정 컬럼에 입력되는 데이터가 유일한 값이여야 하는 제약 조건

〈1〉 컬럼 제약 조건

```
CREATE TABLE 테이블명(
    ...,
    컬럼명1 데이터 타입1 UNIQUE,
```

…

);

```
CREATE TABLE user(
   id INTEGER PRIMARY KEY,
   name TEXT,
   email TEXT NOT NULL UNIQUE
);
```

〈2〉 테이블 제약 조건

CREATE TABLE 테이블명(

컬럼명1 데이터 타입1,

컬럼명2 데이터 타입2,

…

UNIQUE(컬럼명)

);

```
CREATE TABLE user(
   id INTEGER PRIMARY KEY,
   name TEXT,
   email TEXT NOT NULL
   UNIQUE(email )
);
```

⑤ CHECK: 특정 조건이 참인 경우에만 테이블의 레코드를 입력/수정이 가능하도록 해 주는 제약 조건

〈1〉 컬럼 제약 조건

CREATE TABLE 테이블명(

…,

컬럼명1 데이터 타입1 CHECK(조건식),

…

);

```
CREATE TABLE user (
  id INTEGER PRIMARY KEY,
  name TEXT NOT NULL,
  phone TEXT NOT NULL CHECK (length(phone) >= 10)
);
```

〈2〉 테이블 제약 조건

CREATE TABLE 테이블명(

컬럼명1 데이터 타입1,

컬럼명2 데이터 타입2,

…

CHECK(조건식)

);

```
CREATE TABLE user (
  id INTEGER PRIMARY KEY,
  email TEXT NOT NULL,
  CHECK(email like '%@%')
);
```

(2) 테이블 삭제

DROP TABLE 테이블명;

(3) 데이터베이스 빈 공간 정리

VACUUM;

(4) 테이블명 변경

ALTER TABLE 테이블명 RENAME TO 새 테이블명;

(5) 컬럼 추가

ALTER TABLE 테이블명 ADD COLUMN 컬럼명 데이터 타입;

(6) CRUD(Create, Read, Update, Delete)

1) 데이터 추가

① 모든 컬럼에 값을 지정하여 데이터 추가

INSERT INTO 테이블명 VALUES (값1, 값2, ...);

```
INSERT INTO Avengers VALUES ('Iron Man', 'Suit');
```

② 컬럼이 지정하여 데이터 추가

INSERT INTO 테이블명 (컬럼1, 컬럼2, ...) VALUES (값1, 값2, ...);

```
INSERT INTO Avengers (id, name, weapon)
  values (1, 'Iron Man', 'Suit')
  (2, 'Thor', 'Mjǫllnir');
```

③ 기본값을 데이터로 추가

INSERT INTO 테이블명 DEFAULT VALUES;

```
INSERT INTO Avengers default values;
```

2) 데이터 조회

① 테이블의 레코드 참조

SELECT 컬럼명 FROM 테이블명;

```
SELECT * FROM Avengers;
```

② 조건식으로 데이터 검색

SELECT 컬럼명 FROM 테이블명 WHERE 조건식;

```
SELECT * FROM Avengers WHERE name = 'Iron Man';
```

④ 검색 후 결괏값 제한

SELECT 컬럼명 FROM 테이블명 LIMIT 개수;

```
SELECT * FROM Avengers LIMIT 10;
```

⑤ 검색 시 특정 단위 포함 조건

SELECT * FROM 테이블명 WHERE LIKE 조건식;

'_': 글자 숫자를 정해 줌(EX 컬럼명 LIKE '코__로')

'%': 글자 숫자를 정해 주지 않음(EX 컬럼명 LIKE '코%')

3) 데이터 수정

① UPDATE

UPDATE 테이블명 SET 컬럼명1 = 값1, 컬럼명2 = 값2, ... WHERE 조건식;

```
UPDATE Avengers SET weapon = 'Mjolnir' where name = 'Thor';
```

② REPLACE INTO

REPLACE INTO 테이블명(컬럼 리스트)
VALUES(값 리스트);

```
INSERT INTO Avengers (name, weapon)
  VALUES ('Captain America', 'Shield'),
  ('Rocky', 'Chitauri Scepter');
```

③ 문자 변환

REPLACE(대상 컬럼, 변환될 문자열, 변환할 문자열)

```
SELECT year REPLACE(year,'2012','2019') from Avengers;
```

4) 데이터 삭제

DELETE FROM 테이블명 WHERE 조건식;

```
delete from user where age 〈 47;
```

CHAPTER 02

4차 산업혁명 시대, 스마트공장 구축을 위한 스마트제조 & 공정 시스템

네트워크 이해 

학습 목표

1. 시스템 인터페이스에 대해 이해하고 설명할 수 있다.
2. 장비별 통신 인터페이스 방법을 설명할 수 있다.
3. PLC 통신 방법을 이해하고 설명할 수 있다.

1. 시스템 인터페이스

(1) 인터페이스 개요

인터페이스는 2대 이상의 장비에서 서로가 필요한 정보를 전달하기 위해 물리적으로 연결하는 것을 인터페이스라 한다.

스마트팩토리 시스템에서 인터페이스는 각 업체에서 운전되고 있는 장비와 MES 소프트웨어가 설치되는 컴퓨터 간의 정보 전달을 위한 물리적 연결로 한정한다.

인터페이스의 목적은 스마트팩토리 시스템에서 인터페이스는 MES가 장비의 제어기로부터 운전 정보, 생산 정보 등을 취득하고, MES에서 생성된 생산 설정 정보(레시피 등), 장비 운전 지시 등의 정보를 장비의 제어기에 보내기 위함이다.

1) 직접 결선(Hard Wiring) 인터페이스

직접 결선(Hard Wiring)이란 인터페이스 하고자 하는 장비에 전선을 연결하여 송신 장비에서 전기 신호를 제어하면 수신 장비에서 전기 신호를 수신하는 방법으로 장비 상호 간에 신호를 전달하는 방법을 의미하며 송신 장비는 스위치와 같이 전기 신호를 제어할 수 있는 디바이스가 설치되어야 하고, 수신 장비는 전기 신호를 받아 장비 내부에서 사용할 수 있는 정보의 형태로 변경할 수 있는 기능이 있어야 한다.

스마트팩토리 시스템에서 MES는 컴퓨터에서 실행되는 소프트웨어이므로 인터페이스는 장비와 컴퓨터 간 인터페이스가 이뤄져야 하며 컴퓨터와 장비 간 직접 결선을 이용한 인터페이스 방법을 사용하면 상용화되어 있는 컴퓨터용 디지털 입력 모듈 또는 디지털 출력 모듈을 컴퓨터에 장착해야 한다.

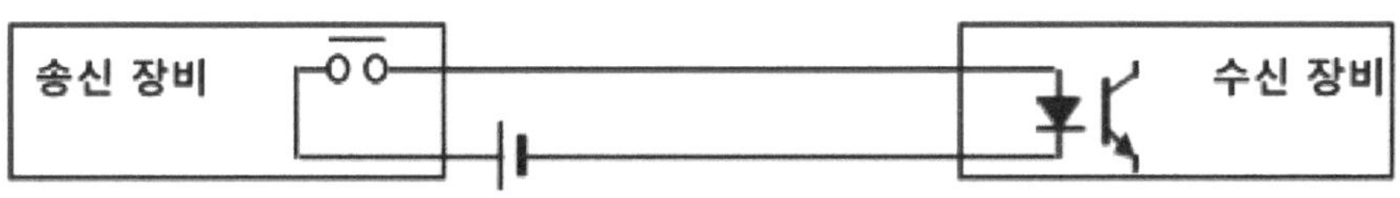

[그림 Ⅱ-5] 직접 결선도

2) 통신을 이용한 인터페이스

장비의 제어기에 통신 기능이 있을 경우 장비와 컴퓨터 간 통신을 이용하여 정보를 교환할 수 있으며, 일반적인 컴퓨터는 기본적으로 RS-232C와 Ethernet 통신(이하 범용 통신)을)을 지원하기 때문에 해당 장비의 제어기에서 범용 통신을 지원한다면 쉽게 인터페이스를 구현할 수 있다.

장비의 제어기에서 범용 통신을 지원하지 않고 Profibus-DP, DeviceNet 등 필드버스(Fieldbus) 계열의 통신을 지원할 경우 컴퓨터용 해당 통신 모듈을 컴퓨터에 장착하여 통신할 수 있으며, 필드버스 통신을 범용 통신으로 변경해 주는 게이트웨이를 사용하면 컴퓨터와 인터페이스 할 수도 있다.

통신을 이용한 인터페이스를 구현할 경우 직접 결선(Hard Wiring)을 이용하는 인터페이스보다 많은 양의 정보를 교환할 수 있고, 사용자 요구에 따른 정보의 수정 또는 확장이 쉬우며 장비와 컴퓨터 간 배선이 단순해지는 장점이 있다.

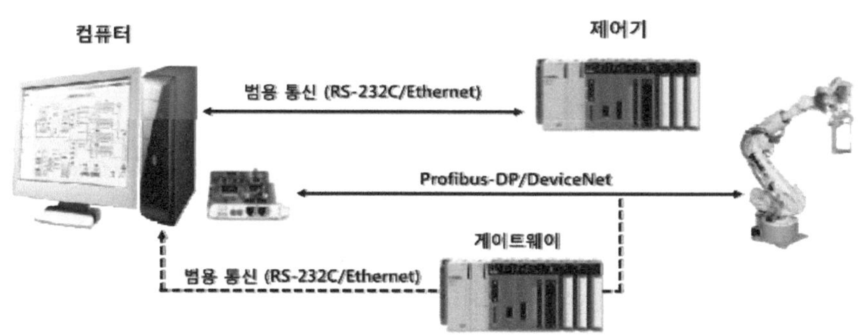

[그림 II-6] 통신을 이용한 인터페이스

(2) 인터페이스 방법

1) PLC 제어기 사용

PLC(Programmable Logic Controller)란 생산 현장에서 생산설비의 자동제어에 가장 많이 사용되는 제어기로 디지털, 아날로그, 통신 등의 신호 입력 기능을 통해 취득한 정보를 사용자가 요구하는 방법으로 가공하여 디지털, 아날로그, 통신 등의 방법으로 출력하는 제어 장비다.

PLC는 컴퓨터 소프트웨어 또는 전용의 로더(Loader)를 이용하여 프로그램을 작성한 후 다양한 통신 방식을 통해 전송받아 작동한다. 따라서 모듈의 구성에 따라 컴퓨터에서 쉽게 사용할 수 있는 범용 통신을 사용할 수 있기 때문에 장비의 제어기로 PLC가 사용된 경우는 컴퓨터와 쉽게 통신을 이용하여 인터페이스 할 수 있다.

PLC는 사용자가 작성한 프로그램을 통해 입력 정보를 가공하기 때문에 MES에서 정보를 취득하고자 할 때 PLC 프로그램의 해석이 되어야 하고, 제조사별, 제품별로 통신 프로토콜이 다를 수 있으므로 몇 가지 경우로 나누어 컴퓨터와 장비 간 인터페이스 방법을 선택해야 한다.

① 범용 통신을 사용하고 프로토콜이 공개되어 있는 경우

PLC에 범용 통신을 사용할 수 있고 통신 프로토콜이 공개되어 있는 경우 MES 프로그램에서 공개된 프로토콜을 이용하여 PLC와 통신할 수 있는 통신 프로그램을 작성하여 MES에서 필요한 정보를 취득 한다.

MES에서 PLC와 통신하는 프로그램을 구현하기 어려울 경우 해당 PLC의 통신 드라이브를 가지고 있는 범용 HMI 소프트웨어를 사용하여 HMI가 PLC와 통신을 담당하고, MES는 HMI에서 정보를 취득하는 방법으로 PLC와 통신할 수도 있다.

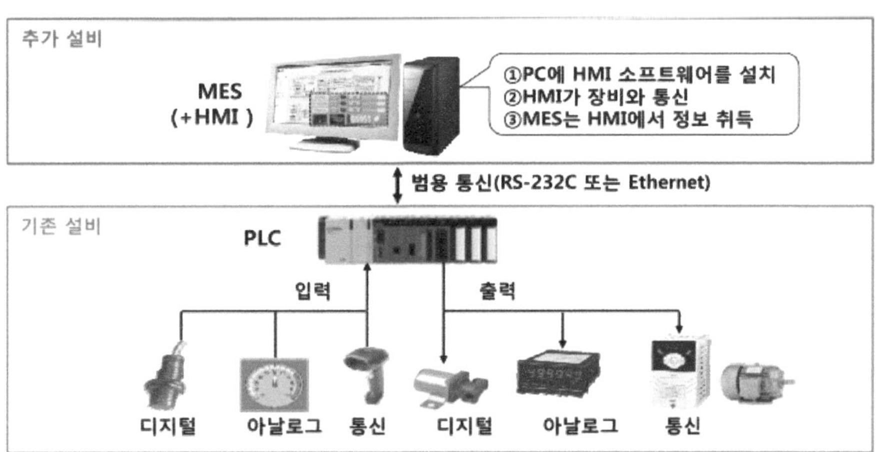

[그림 II-7] 범용 PLC 통신 프로토콜

② 범용 HMI 소프트웨어를 이용하는 방법

HMI는 다양한 장비와 통신하기 위해 다양한 프로토콜을 통신 드라이브 형태로 구현해 놓았기 때문에 공개되지 않은 프로토콜도 통신이 될 가능성이 있다.

이 경우 MES가 설치되는 컴퓨터와 별도의 컴퓨터에 HMI를 설치하여 HMI가 장비와 인터페이스를 담당하고 MES는 HMI에서 정보를 취득하는 방법으로 인터페이스를 구성하고, MES에서 필요한 정보를 수집할 수 있다.

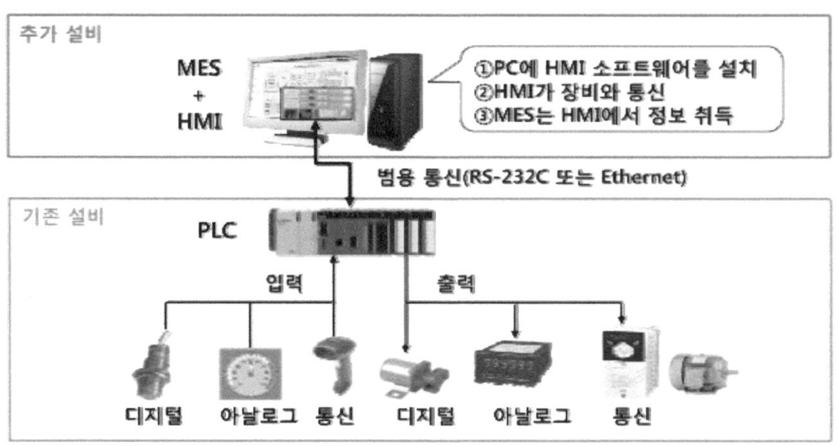

[그림 II-8] 범용 HMI 통신

③ 제2의 PLC를 설치하는 방법

장비의 제어기와 통신할 수 있는 드라이브를 보유한 HMI를 확보할 수 없을 경우 현재의 상태에서 통신 가능한 제2의 PLC를 설치하고, 수집해야 할 정보 요소를 계측할 수 있는 센서를 새로 설치하고, 새로 설치된 센서를 제2의 PLC에 연결하여 제2의 PLC와 통신하는 방법으로 인터페이스를 구현해야 한다.

기존 시스템에서 통신으로 입력받는 정보는 통신 분배기를 설치하여 제2의 PLC에서 정보를 수집해야 한다.

기존 시스템의 아날로그 센서/부하 정보를 수집하고자 할 경우 아날로그 신호 분배기를 사용할 수도 있다.

이 경우 시스템의 정보를 MES에서 취득은 할 수 있지만, MES에서 제어기로 전송은 할 수 없다.

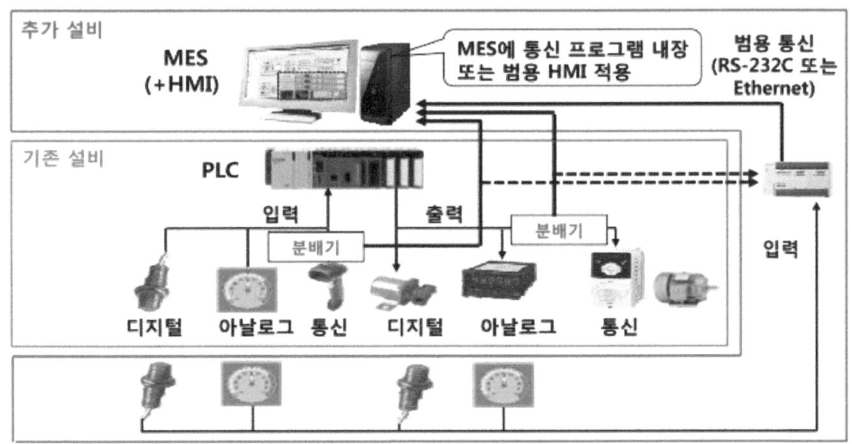

[그림 II-9] 다중 PLC 통신

2) 전용 제어기 사용

전용 제어기란 특정 장비를 제어하기 위한 제어 장치로 제어기의 제작 단계에서 입력 및 출력 신호가 고정되어 있는 경우가 많고 입력 및 출력 신호의 종류도 디지털 신호 및 아날로그 신호로 한정되는 경우가 많으며, 입력된 정보를 가공하는 방법도 고정되어 있는 경우로 사용자 의도대로 정보를 가공하지 못하는 경우가 많다.

① 범용 통신을 사용하고 프로토콜이 공개되어 있는 경우

전용 제어기라도 범용 통신을 제공하는 경우가 있으나, 입력된 정보를 가공하는 방법이 고정되어 있는 경우가 많으므로 통신 기능을 지원하더라도 읽기 프로토콜만 제공하는 경우가 대부분이기 때문에 MES에서 정보를 읽을 수는 있으나 제어기로 정보를 전송하는 것이 불가능한 경우가 많다.

이 경우도 MES가 설치되는 컴퓨터나 별도의 컴퓨터에 HMI를 설치하여 HMI가 장비와 인터페이스를 담당하고, MES는 HMI에서 정보를 취득하는 방법으로 인터페이스를 구성하고, MES에서 필요한 정보를 수집할 수 있다.

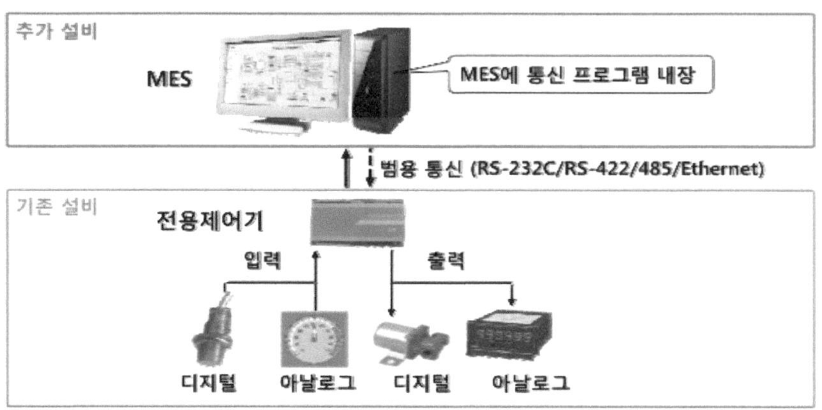

[그림 II-10] 전용 제어기용 범용 통신

② 범용 통신을 사용하고 프로토콜이 공개되어 있지 않은 경우

전용 제어기에서 범용 통신을 사용하더라도 통신 프로토콜이 공개되지 않을 경우 MES는 장비와 직접 인터페이스 할 수 없다.

이 경우 현재의 상태에서 통신 가능한 PLC를 설치하고 수집할 정보 요소를 계측할 수 있는 센서를 PLC에 연결하여 PLC와 통신하는 방법으로 인터페이스를 구성한다.

기존 시스템의 아날로그 센서/부하 정보를 수집하고자 할 경우 아날로그 신호 분배기를 사용할 수도 있다.

이 경우도 MES가 설치되는 컴퓨터나 별도의 컴퓨터에 HMI를 설치하여 HMI가 장비와 인터페이스를 담당하고, MES는 HMI에서 정보를 취득하는 방법으로 인터페이스를 구성하고, MES에서 필요한 정보를 수집할 수 있다.

시간과 비용이 허용되면 전용 제어기를 통신이 가능한 PLC 제어기로 대체하고 2.1.1 범용 통신을 사용하고 프로토콜이 공개되어 있는 경우 목차를 따를 수 있다.

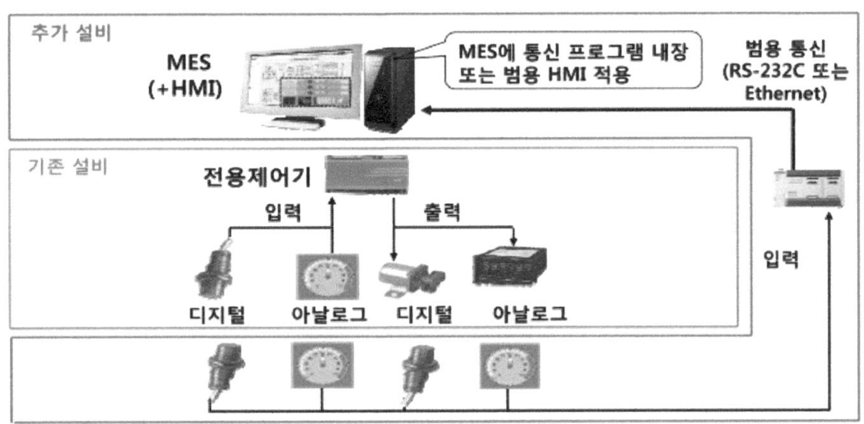

[그림 II-11] 범용 통신 프로토콜

③ 범용 통신을 사용하지 않은 경우

전용 제어기에서 범용 통신을 사용하지 않는 경우 MES는 장비와 직접 인터페이스 할 수 없다.

이 경우 현재의 상태에서 통신 가능한 PLC를 설치하고 수집할 정보 요소를 계측할 수 있는 센서를 PLC에 연결하여 PLC와 통신하는 방법으로 인터페이스를 구성 한다.

기존 시스템의 아날로그 센서/부하 정보를 수집하고자 할 경우 아날로그 신호 분배기를 사용할 수도 있다.

이 경우도 MES가 설치되는 컴퓨터나 별도의 컴퓨터에 HMI를 설치하여 HMI가 장비와 인터페이스를 담당하고, MES는 HMI에서 정보를 취득하는 방법으로 인터페이스를 구성하고, MES에서 필요한 정보를 수집할 수 있다.

기간과 비용이 허용되면 전용 제어기를 통신이 가능한 PLC 제어기로 대체하고 2.1.1 범용 통신을 사용하고 프로토콜이 공개되어 있는 경우 목차를 따를 수 있다.

3) 제어기가 사용되지 않은 경우

산업 현장에서 사용하는 장비는 PLC나 별도의 제어기를 사용하지 않고 스위치 및 릴레이 제어반을 이용하여 장비의 운전, 정지 등 간단한 조작만 하는 경우가 있다.

이러한 장비는 조작반(스위치)과 부하 간 부하를 구동할 수 있는 상용 전원이 직접 연결(Hard Wiring)되어 있어 컴퓨터용 입·출력 모듈을 사용할 수 없는 경우가 많다.

이 경우 MES가 장비를 인터페이스 할 수 없기 때문에 MES를 설치하기 위해서는 반드시 장비의 자동화가 선행되어야 한다.

이 경우 배선도 또는 실제 배선 상태 점검을 통해 조작반과 부하의 연결 상태를 확인한 후 PLC를 적용함으로써 간단하게 자동화가 가능하다.

장비의 자동화에 적용되는 PLC 선정 시 범용 통신을 지원하고, 프로토콜이 공개되어 있는 PLC를 선정하여 MES에서 통신 기능을 수행하거나 HMI를 적용하여 PLC와 통신을 이용한 인터페이스를 구성하여 MES에서 정보를 수집한다.

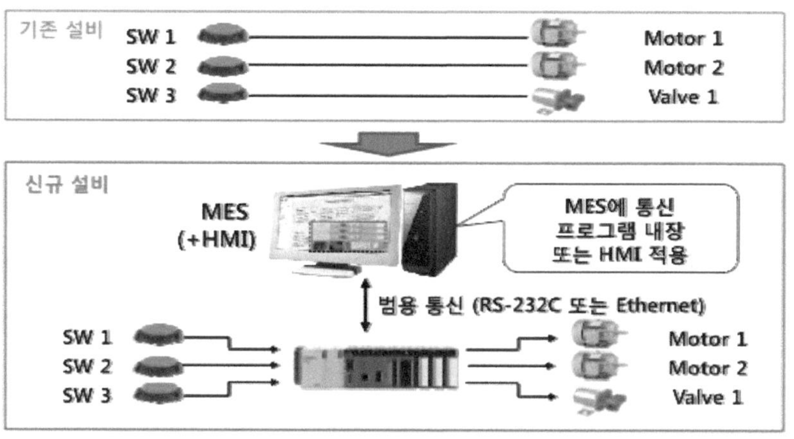

[그림 II-12] 제어기가 사용되지 않는 경우

(3) 통신 용어

1) 장치 접속(디바이스 액세스) 기술

각종 주변 장치들과 PC와 연동이 자유롭게 되도록 하는 기술이다. 지금은 어떤 장치를 설치하려면 대부분 드라이브가 자동 설치되는 plug&play 기술로 구축되어 있다.

2) USB(Universal Serial Bus)

인텔사가 개발한 기술로 PC와 주변 기기를 접속하기 위한 케이블 규격으로 USB2.0 480Mbips, USB 3.1 5Gbit/초, USB-C type 10Gbit/초 등 발전되며 전력 공급도 가능하다.

3) IEEE1394

영상 등의 대용량 데이터를 송신하기 위해 개발된 고속 통신이 가능한 케이블 규격이다. 미국 애플사가 개발한 기술을 IEEE(미국 전기전자기술자협회)에서 표준화한 것이다. 1394 숫자는 표준화 일련번호이다.

4) 이더넷(Ethernet)

미국 제록스가 개발한 컴퓨터의 LAN(Local Area Network, 근거리 통신망) 규격이다. 이것을 바탕으로 거의 모든 컴퓨터가 LAN에 접속하여 컴퓨터 통신을 수행한다고 할 수 있다.

5) 블루투스(Bluetooth)

스웨덴 에릭슨이 개발한 근거리 무선통신 기술이다. 2.4GHz 대역을 이용하고. 1~2Mbps의 전송 속도를 가지며, 거리는 10~20m 정도로 컴퓨터 키보드, 프린터, 핸드폰 등 무선 네트워크를 구축하는 기술이다.

6) IrDA(Infrared Data Association)

적외선 통신 기술이다. 1m 정도로 블루투스보다 짧은 거리에서 사용되고, 전송 속도는 2.4Kbps~4Mbps 정도에서 계속 발전해 가고 있다. 적외선 통신은 빛을 이용한 것이므로 직진성을 고려해야 한다. 중간에 장애물이 있으면 통신이 장애를 받는다.

7) 무선 LAN(Local Area Network)

IEEE802.11b, 802.11a, 802.11g 등의 표준 기술이다. 기존의 802.11b는 최상의 상태에서는 약 11Mbps 정도의 속도로 유선 VDSL(7~8Mbps)보다 빠르다. 주로 2004년부터 802.11a/g 표준이 많이 사용되고 있으며 약 54Mbps의 전송 속도를 제공한다.

2. PLC 네트워크

CC-Link IE 네트워크 시스템(컨트롤러 네트워크)은 기존의 MELSECNET/H 네트워크 시스템(PLC 간 네트워크)을 고기능화·고속화·대용량화한 시스템이다.

CC-Link IE 네트워크 시스템은 사용자의 편리성을 극대화함으로써, GX Developer와의 조합으로 FA 시스템을 간편하게 네트워크로 구축할 수 있다.

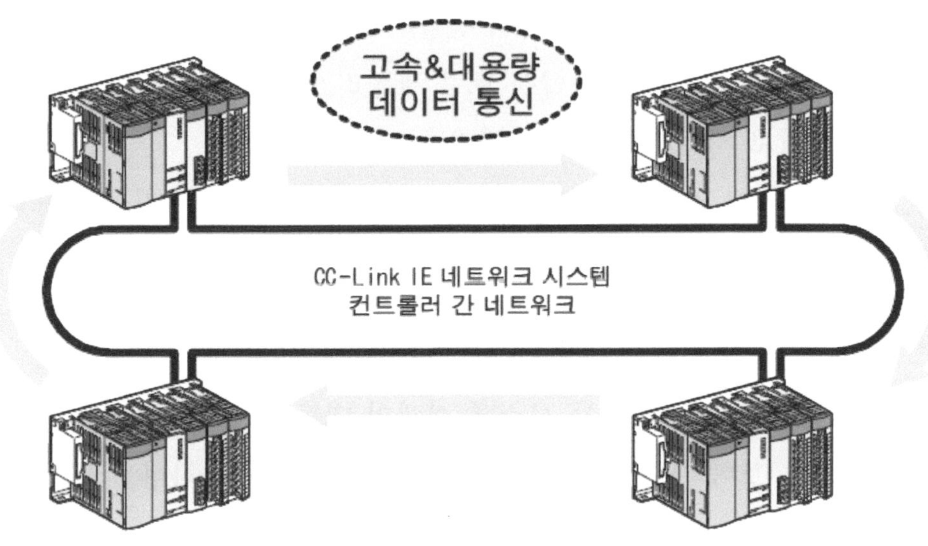

[그림 II-13] PLC 네트워크

(1) CC-Link 주요 특징

1) Ethernet 베이스

Ethernet 규격의 시판 케이블·커넥터를 활용하므로 비용 절감이 가능하다.

2) 고속 · 대용량

① 네트워크형 공유 메모리(사이클릭 데이터)의 데이터 갱신 고속화 사이클릭 데이터 갱신 성능이 향상된다. 전송 지연 시간이 짧아져 애플리케이션의 동기 대기 시간을 줄일 수 있다.

② 네트워크형 공유 메모리(사이클릭 데이터)의 대용량화 256KB의 네트워크형 공유 메모리(사이클릭 데이터)를 같은 네트워크상에서 실현하였다.

네트워크 No.를 나눌 필요가 없어 대용량의 데이터를 취급하는 시스템을 쉽게 실현할 수 있다.

3) 네트워크 구축 시의 번거로움 해소

① 네트워크형 공유 메모리에 의한 간편한 데이터 갱신 메모리의 읽기/쓰기 방식에 의해 쉽게 데이터를 송수신할 수 있다.

② 국 단위로 데이터의 정합성 보증 애플리케이션(사용자 프로그램)에 의한 정합성 확보 처리가 필요하지 않다.

③ 네트워크형 공유 메모리와 PLC CPU 디바이스 간을 자동 리프레시 네트워크에 관계없이 컨트롤러를 분산하여 데이터를 공유할 수 있다.

4) 네트워크 접속 상태의 시간 처리

트러블 시의 이상 위치 등 시스템 전체의 네트워크 접속 상태를 시각적으로 표시하여, 보다 간편한 보수·메인터넌스 작업이 가능하다.

5) 광 케이블의 체크 기능 강화

광 케이블의 불량 위치를 검출한다.

광 케이블의 커넥터 장착 오류를 검출한다.

6) 외부 전원 공급에 의한 안정적인 운용

CC-Link IE 모듈과 PC용 보드 모두 외부에서 전원 공급이 가능한 제품을 제공하고 있다. PLC CPU나 PC의 셧다운 시에도 루프백하지 않고 통신을 계속할 수 있다.

(2) 파라미터의 종류

CC-Link IE를 동작시키려면, GX Developer에서 PLC CPU에 장착된 네트워크 모듈의 파라미터를 설정할 필요가 있다.

파라미터 설정에서는 CC-Link IE의 선택에서 응용 기능의 상세까지 설정할 수 있다.

각 파라미터 설정 화면을 설명한다.

1) 장수 설정(네트워크 종류)

네트워크의 종류와 국 종류를 모듈마다 설정한다.

CC-Link IE에서는 최대 4장* 1 , Ethernet을 포함하여 최대 8장까지 선택할 수 있다.

CC-Link IE 네트워크 시스템에서는 관리국, 일반국 중에시 선택한다.

2) 네트워크 설정

모듈 장수 설정에서 설정한 모듈 형명마다 선두 I/O No., 네트워크 No., 링크 총(자) 국수, 그룹 No., 국번 및 모드를 설정한다.

* 1 하이 퍼포먼스 모델 QCPU: 최대 2장

(MELSECNET/H와 합하여 최대 4장)

유니버설 모델 QCPU

·Q02UCPU: 최대 2장(MELSECNET/H와 합하여 최대 2장)

·Q02U 이외: 최대 4장(MELSECNET/H와 합하여 최대 4장)

	Module 1	Module 2	Module 3	Module 4
Network Type	CC IE Control(Control Station)	CC IE Control(Normal Station)	MNET/H Mode(Normal Station)	MNET/H(Remote Master)
Start I/O No.				
Network No.				
Total Stations				
Group No.	0	0	0	
Station No.				
Mode	Online	Online	Online	Online
	Network Range Assignment			Network Range Assignment
			Station Inherent Parameters	
	Refresh Parameters	Refresh Parameters	Refresh Parameters	Refresh Parameters
	Interrupt Setting	Interrupt Setting	Interrupt Setting	Interrupt Setting
	Specify Station No. by Parameter	Specify Station No. by Parameter		

3) 공통 파라미터(네트워크 범위 할당)

1네트워크에 대해 각국을 송신할 수 있는 LB, LW, LX, LY의 사이클릭 전송 범위를 설정. 공통 파라미터 설정은 관리국만 필요하며 일반국에는 네트워크의 기동 시 관리국에서 공통 파라미터의 데이터를 송신한다.

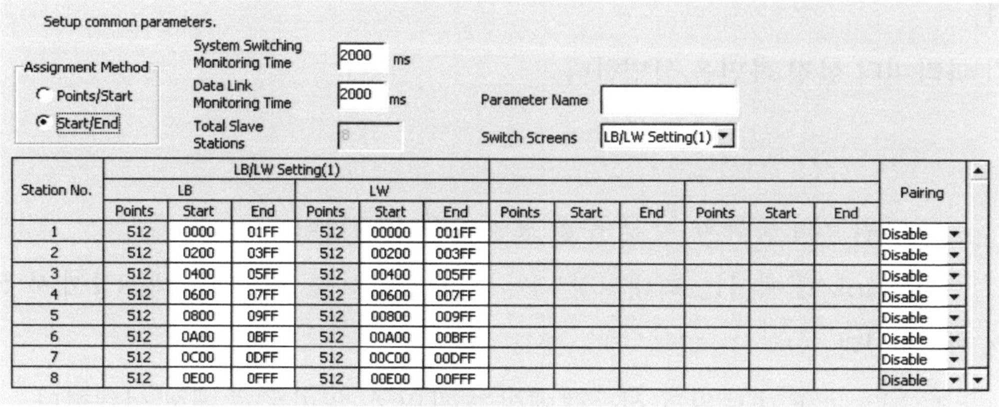

Setup common parameters.

Assignment Method
- ( ) Points/Start
- (•) Start/End

System Switching Monitoring Time: 2000 ms
Data Link Monitoring Time: 2000 ms
Total Slave Stations: 8

Parameter Name:
Switch Screens: LB/LW Setting(1)

Station No.	LB/LW Setting(1)												Pairing
	LB			LW									
	Points	Start	End	Points	Start	End	Points	Start	End	Points	Start	End	
1	512	0000	01FF	512	00000	001FF							Disable
2	512	0200	03FF	512	00200	003FF							Disable
3	512	0400	05FF	512	00400	005FF							Disable
4	512	0600	07FF	512	00600	007FF							Disable
5	512	0800	09FF	512	00800	009FF							Disable
6	512	0A00	0BFF	512	00A00	00BFF							Disable
7	512	0C00	0DFF	512	00C00	00DFF							Disable
8	512	0E00	0FFF	512	00E00	00FFF							Disable

4) 네트워크 리프레시 파라미터

네트워크 링크 모듈의 링크 디바이스(LB, LW, LX, LY)를 시퀀스 프로그램에서 사용할 수 있도록 CPU 모듈의 디바이스(X, Y, M, L, T, B, C, ST, D, W, R, ZR)에 전송하는 범위를 설정한다.

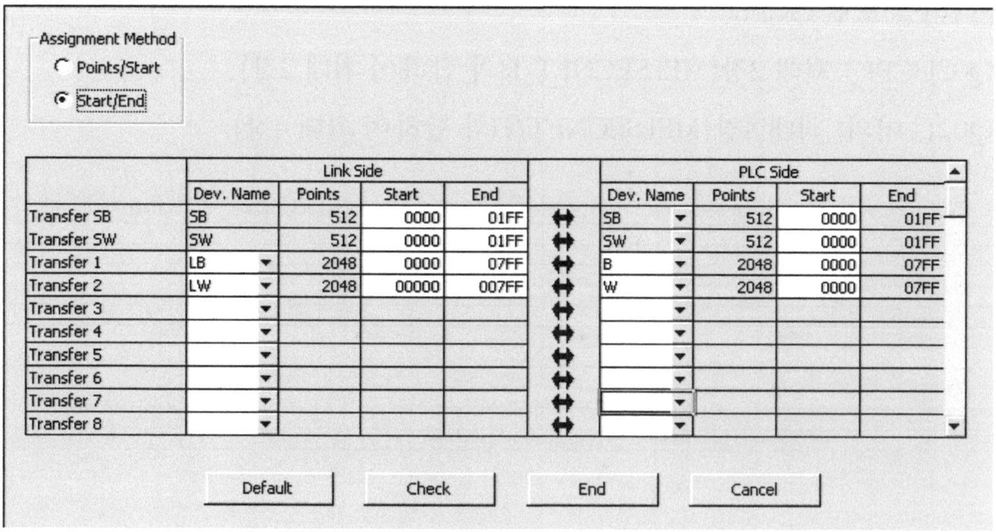

Assignment Method
- ( ) Points/Start
- (•) Start/End

	Link Side					PLC Side			
	Dev. Name	Points	Start	End		Dev. Name	Points	Start	End
Transfer SB	SB	512	0000	01FF	↔	SB	512	0000	01FF
Transfer SW	SW	512	0000	01FF	↔	SW	512	0000	01FF
Transfer 1	LB	2048	0000	07FF	↔	B	2048	0000	07FF
Transfer 2	LW	2048	00000	007FF	↔	W	2048	0000	07FF
Transfer 3					↔				
Transfer 4					↔				
Transfer 5					↔				
Transfer 6					↔				
Transfer 7					↔				
Transfer 8					↔				

Default | Check | End | Cancel

5) 링크 간 전송 파라미터

1대의 PLC에 복수의 네트워크가 접속되어 있을 때, 파라미터를 사용하여 다른 네트워크에 일괄로 링크 데이터를 전송하는 경우에 설정한다.

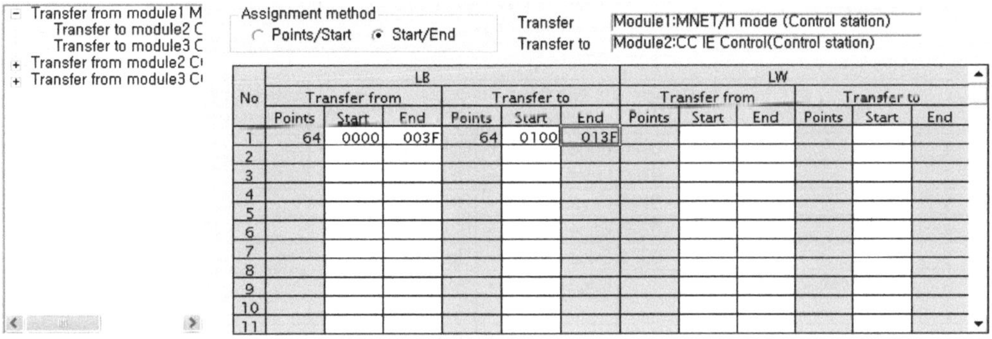

- Transfer from module1 M
  - Transfer to module2 C
  - Transfer to module3 C
+ Transfer from module2 C
+ Transfer from module3 C

Assignment method
○ Points/Start ◉ Start/End

Transfer: Module1:MNET/H mode (Control station)
Transfer to: Module2:CC IE Control(Control station)

No	LB						LW					
	Transfer from			Transfer to			Transfer from			Transfer to		
	Points	Start	End	Points	Start	End	Points	Start	End	Points	Start	End
1	64	0000	003F	64	0100	013F						
2												
3												
4												
5												
6												
7												
8												
9												
10												
11												

6) 루틴 파라미터

복수의 네트워크 시스템에 대해 다른 네트워크 No.의 국에 트랜전트 전송하기 위한 '루트'를 설정한다.

	Target network No.	Relay network No.	Relay station No.
1	3	1	7
2	4	1	5
3	5	2	12
4			
5			
6			
7			
8			
9			
10			
11			
12			
13			
14			
15			
16			
17			
18			
19			

7) 인터럽트 설정 파라미터

다른 국에서의 데이터 수신 시 인터럽트 조건을 체크한다. 인터럽트 조건이 성립되었을 때는 네트워크 모듈에서 CPU에 인터럽트 요구를 하여, 자국 CPU의 인터럽트 시퀀스 프로그램을 기동하기 위한 인터럽트 조건을 설정한다.

	Device code	Device No.	Detection method	Interrupt condition	Word device: Setting value	Board No.	Interrupt (SI) No.
1	LB	0000	Edge detect	ON			0
2	LX	0100	Level detect	OFF			1
3	SB	0147	Level detect	ON			2
4	LW	0200	Edge detect	Equal	500		3
5	SW	0074	Edge detect	Unequal	0		4
6	RECVS instruction		Edge detect	Scan completed		3	5
7	Scan completed						6
8							
9							
10							
11							
12							
13							
14							
15							
16							

PART Ⅲ 시스템 제어

단원 소개

시스템을 이루고 있는 장비 또는 설비를 제어하는 방법으로 가장 일반적으로 방식이 PLC(Programmable Logic Controller)이다. 자동화가 시작되는 1960년대부터 사용되면서 한때 PC 제어로 대체될 것이 예상되기도 했지만 반도체의 발전과 함께 다양한 주변 장치 및 응용 소프트웨어들과 인터페이스되면서 오히려 활용의 폭이 더 넓어졌다.

이번 단원에서는 PLC에 대해 이해하고 응용 소프트웨어로 SCADA를 이용하여 시스템을 모니터링하고 제어하는 방법에 대해 살펴본다.

CHAPTER 01

4차 산업혁명 시대, 스마트공장 구축을 위한 스마트제조 & 공정 시스템

PLC 이해 

학습 목표

1. PLC 제어에 대해 이해하고 설명할 수 있다.
2. PLC 기본 프로그램을 설명할 수 있다.
3. PLC 전장의 구성 요소를 이해하고 설명할 수 있다.

1. PLC 정의

PLC는 프로그래머블 로직 컨트롤러(Programmable Logic Controller)의 약자이다.

기존의 시퀀스 제어 내용을 기본으로 하며, '논리연산, 순서 조작, 시한, 계수 및 산술연산 등의 제어 동작을 실행시키기 위해 제어 순서를 일련의 명령어 형식으로 기억하는 메모리를 가지고, 이 메모리의 내용에 의해 하드웨어를 제어하는 전자장치'이다. 기존의 제어반에서 사용하던 릴레이, 타이머, 카운터 등의 기능을 PLC 내부에서 동작할 수 있도록 해서 배선과 부품 등을 간소화하였다.

또한, 사용자가 제어할 수 있도록 별도의 프로그래밍 툴을 제공하기 때문에 전문가가 아니더라도 현장에서 모든 장비 및 설비 등을 쉽게 제어할 수 있도록 하였다.

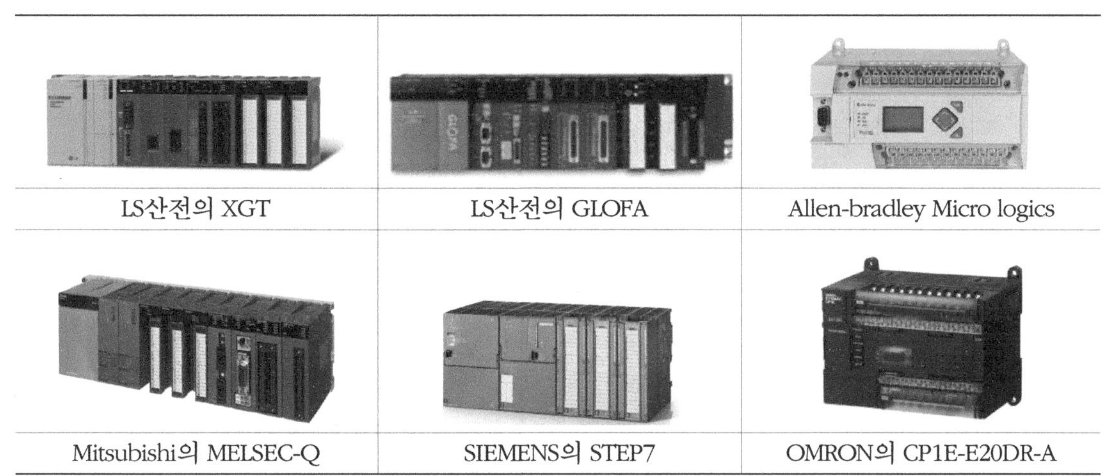

[그림 Ⅲ-1] PLC 종류

(1) PLC 구조

PLC는 입력 신호에 대한 출력 신호를 제어하는 장치로 PLC 메모리에 저장된 시퀀스 프로그램으로 출력 장치를 제어한다.

PLC의 출력은 소형 솔레노이드 밸브나 파일럿 램프 같은 가벼운 부하는 PLC 출력을 통해 직접 제어할 수 있지만, 3상 유도전동기, 대형 솔레노이드 밸브 등의 부하는 콘택트(전자 개폐기), 릴레이 등을 중간 매개체로 하여 구동하여야 한다.

따라서 PLC 제어반을 보면 PLC와 함께 콘택트, 릴레이, 전원용 차단기 등과 함께 설치되어 있는 것을 알 수 있다.

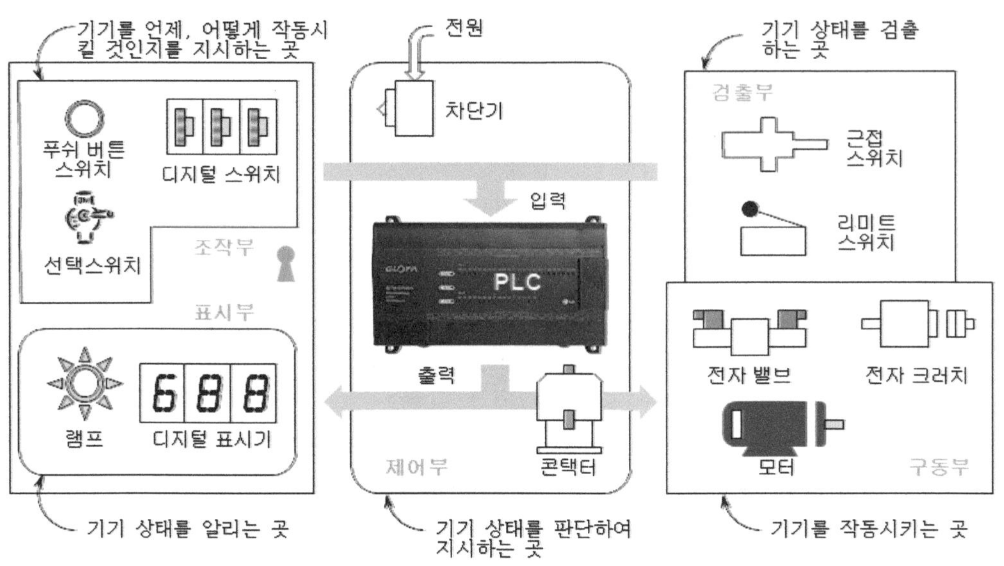

[그림 III-2] PLC 구조

PLC는 인간의 두뇌 역할의 중앙처리장치부, 외부 기기와 신호를 연결해 주는 입·출력부, 전원 공급부, 프로그램 장치 등으로 구성된다.

1) 중앙처리장치(CPU)와 메모리

중앙처리장치부는 PLC의 두뇌이다. 논리 및 산술연산을 하기 위한 마이크로프로세서와 연산 결과 및 프로그램을 저장하기 위한 RAM, ROM 등의 메모리로 구성된다. PLC의 메모리는 사용자 프로그램 메모리, 데이터 메모리, 시스템 메모리 등의 3가지로 구분되며, 사용자 프로그램 메모리는 사용자가 작성한 프로그램이 저장되는 영역으로 RAM으로 구성되어 필요에 따라 언제든지 프로그램의 내용을 바꿀 수 있다.

데이터 메모리는 입출력 릴레이, 보조 릴레이, 타이머, 카운터 등의 접점 상태 및 설정값, 현재값 등의 정보가 저장되는 영역으로 정보가 수시로 바뀌므로 RAM 영역이 사용된다.

시스템 메모리는 PLC 제작회사에서 작성한 프로그램이 저장되는 영역으로 PLC의 성능 및 기능, 사용자의 프로그램을 번역하여 CPU가 처리할 수 있도록 하는 시스템 프로그램이 저장되는 장소이며 ROM 영역을 사용한다.

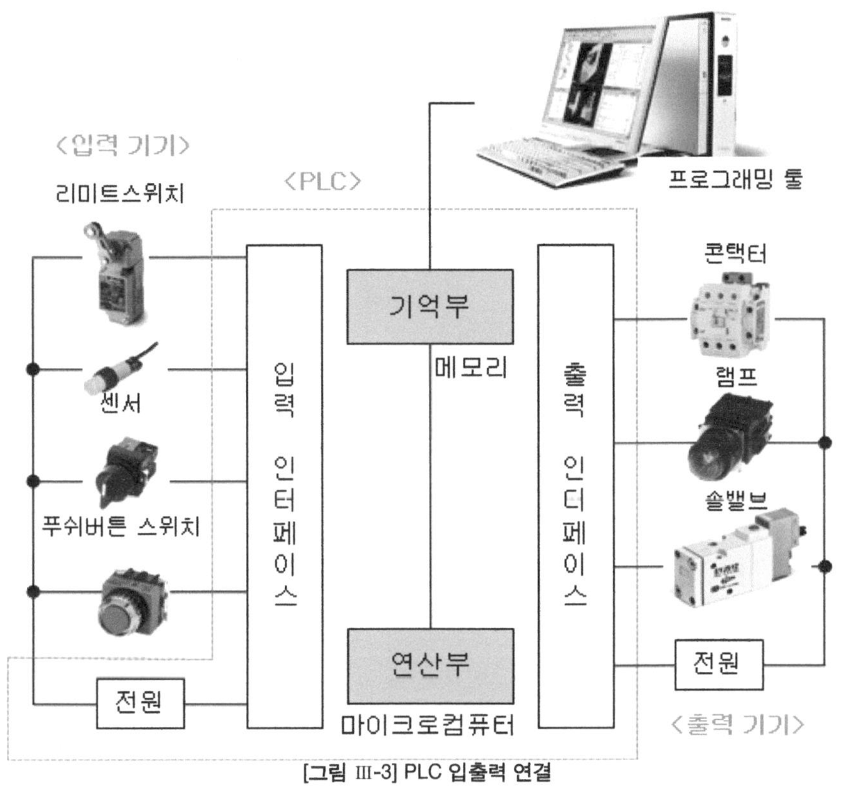

[그림 III-3] PLC 입출력 연결

2) 입·출력 인터페이스 장치

PLC의 입·출력부는 현장의 외부 기기와 직접 접속하여 사용한다. 푸시버튼 스위치, 리밋 스위치, 각종 센서, 선택 스위치 등과 같은 입력 장치는 입력부 단자에 연결된다. 전동기 구동을 전자 개폐기, 솔레노이드 밸브, 지시용 램프 등은 출력부의 단자에 연결된다.

PLC의 입·출력부는 현장의 외부 기기와 직접 접속하여 사용하므로 입력 모듈 선정 시 아래의 사항을 고려해야 한다.

① 외부 기기와 전기적 규격이 일치해야 한다.

② 외부 기기의 노이즈가 CPU로 전달되지 않아야 한다.

③ 외부 기기와 접속이 용이해야 한다.

④ 입출력의 각 접점 상태를 감시할 수 있어야 한다.

	구분	부착장소	외부 기기의 명치
입력부	조작 입력	제어반과 조작반	푸시 버튼스위치 선택 스위치 토글 스위치
	검출 입력 (센서)	기계 장치	리밋 스위치 광전 스위치 근접 스위치 레벨 스위치
출력부	표시 경보 출력	제어반 및 조작반	파일럿 램프 부저
	구동 출력 (액추에이터)	기계 장치	전자 밸브 전자 클러치 전자 브레이크 전자 개폐기

(2) PLC 신호의 흐름

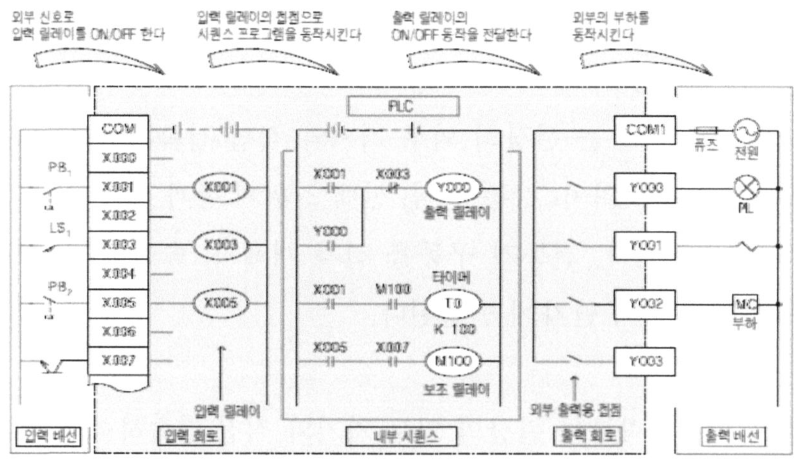

[그림 Ⅲ-4] PLC 신호의 흐름

PLC는 마이크로컴퓨터를 중심으로 하는 전자 장치이다.

사용자는 컴퓨터에 대한 지식이 없어도, 릴레이나 타이머, 카운터의 집합체라고 생각하기만 하면 충분히 사용할 수 있다.

1) 동작 설명

① 푸시 버튼스위치 PB1을 누르면 입력 릴레이 X001의 코일이 구동된다.

② 입력 릴레이 X001의 코일이 구동되면, 그 a접점 X001이 ON 되어 출력 릴레이 Y000의 코일이 구동된다.

③ 출력 릴레이 Y000의 코일이 구동되면, 외부 출력용 a접점 Y000이 ON 되어 표시등 PL이 점등된다.

④ 푸시 버튼스위치 PB1에서 손을 놓으면, 입력 릴레이 X001의 코일이 동작하지 않게 되어 a 접점 X001은 OFF 된다.

⑤ 그러나 a접점 Y000이 ON 되어 있으므로, 출력 릴레이 Y000은 여전히 동작하고 있다. (자기 유지 동작)

⑥ 리미트 스위치 LS1이 ON 되어 입력 릴레이 X003의 코일이 동작하면, b접점 X003이 OFF 되어 출력 릴레이 Y000의 코일이 OFF 된다. (리셋)

⑦ 그 결과 표시등 PL은 소등되고, 출력 릴레이 Y000의 자기 유지도 해제된다.

2) PLC 내부 릴레이

PLC에는 다수의 릴레이나 타이머, 카운터가 내장되어 있으며, 많은 'a 접점'과 'b 접점'을 갖고 있다.

이러한 접점과 코일을 접속하여 시퀀스 회로를 구성한다. 또한, 마이크로컴퓨터의 응용 기기인 PLC의 특징으로 '데이터 레지스터'라고 하는 수치 데이터를 보관하는 곳이 다수 탑재되어 있다.

입력이 들어왔을 때 PLC 내부에서 처리되는 릴레이, 타이머, 카운터, 레지스터 등의 동작을 통해 출력으로 나가기까지 각각의 역할에 대한 설명은 다음의 그림을 참조한다.

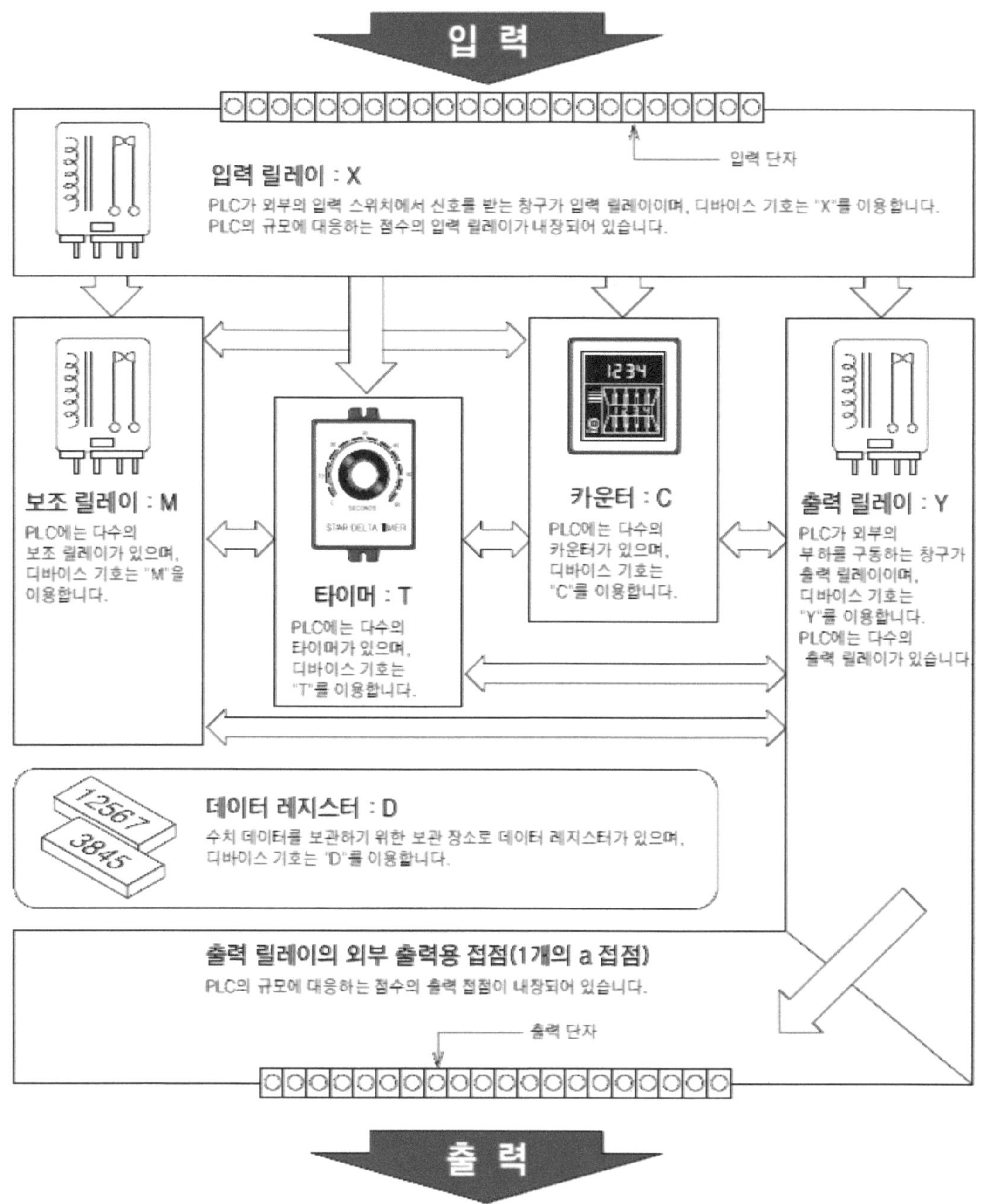

[그림 Ⅲ-5] PLC 내부 릴레이

(3) PLC 프로그램

프로그램 안에서 사용되는 데이터는 값을 가지고 있는데, 프로그램이 실행되는 동안에 값이 변하지 않는 상수와 그 값이 변하는 변수가 있다. 프로그램 블록, 펑션, 펑션 블록 등의 프로그램 구성 요소에서 변수를 사용하기 위해서 우선 변수의 표현 방식을 설명한다.

직접 변수는 사용자가 변수 이름과 형 등의 선언이 없이 이미 Maker에 의해 정해진 메모리 영역의 식별자와 주소를 사용한다.

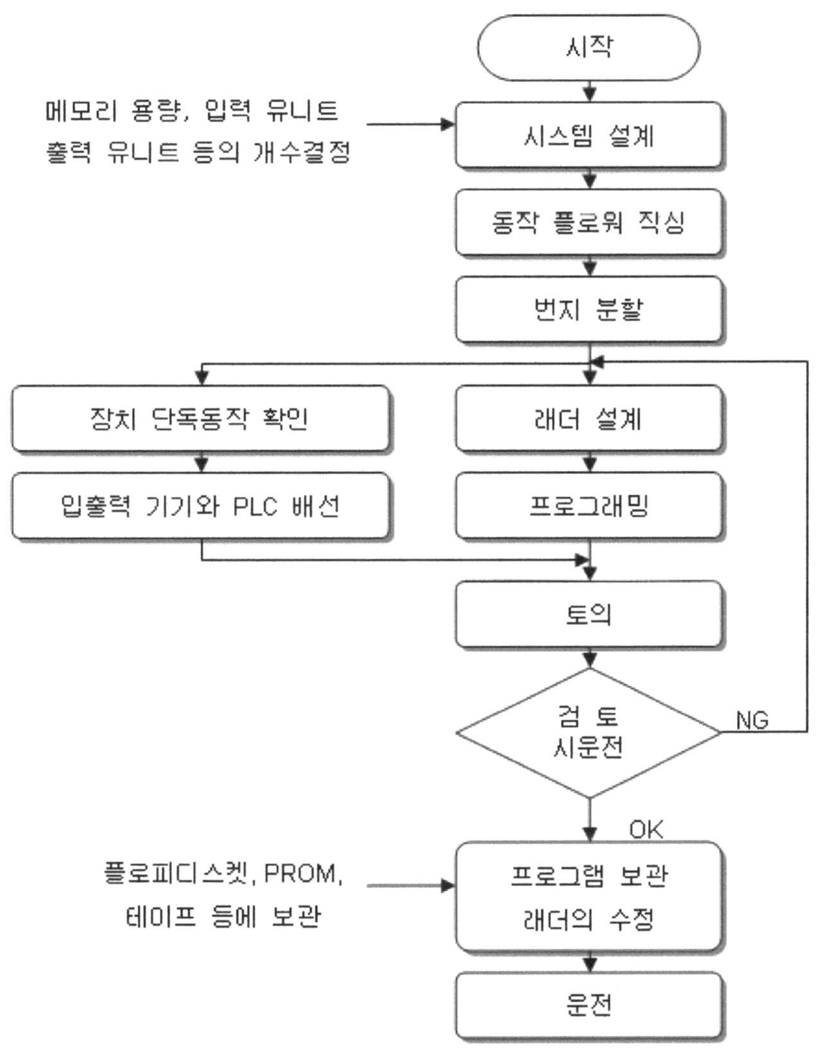

[그림 Ⅲ-6] PLC 프로그램 설계 순서

(4) PLC 기본 회로

1) AND 논리회로

AND 논리는 2가지 이상의 입력 요소가 있는 시스템에서 입력되는 모든 조건이 만족될 때만 출력 신호가 존재하게 되는 논리이다.

입력		출력
A	B	R
0	0	0
0	1	0
1	0	0
1	1	1

이와 같은 직렬회로는 기계의 각 부분이 소정의 위치까지 진행되지 않으면 다음 동작으로 이행을 금지하는 경우에 사용된다.

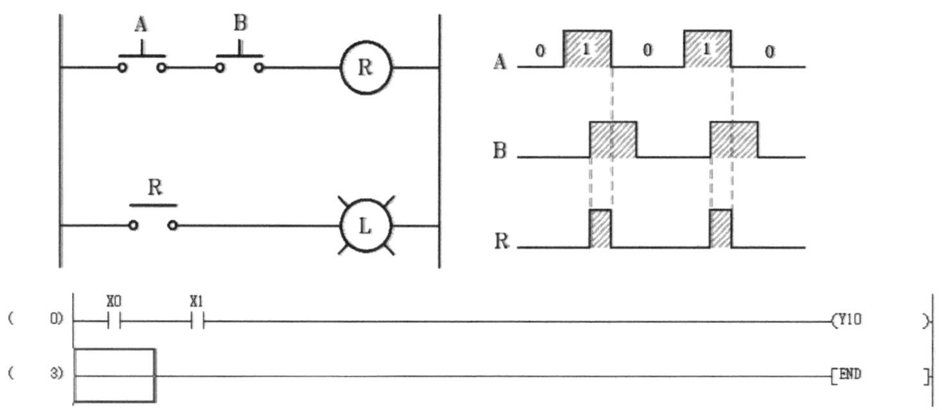

[그림 III-7] AND 논리회로

2) OR 논리회로

여러 개의 입력 신호 중 하나 또는 그 이상의 신호가 ON 되었을 때 출력을 내는 회로로서 병렬회로라고 한다.

입력		출력
A	B	R
0	0	0
0	1	1
1	0	1
1	1	1

누름 버튼스위치 A와 B의 작동에 대한 릴레이 R의 동작과 램프의 동작과 진리표를 나타낸다.

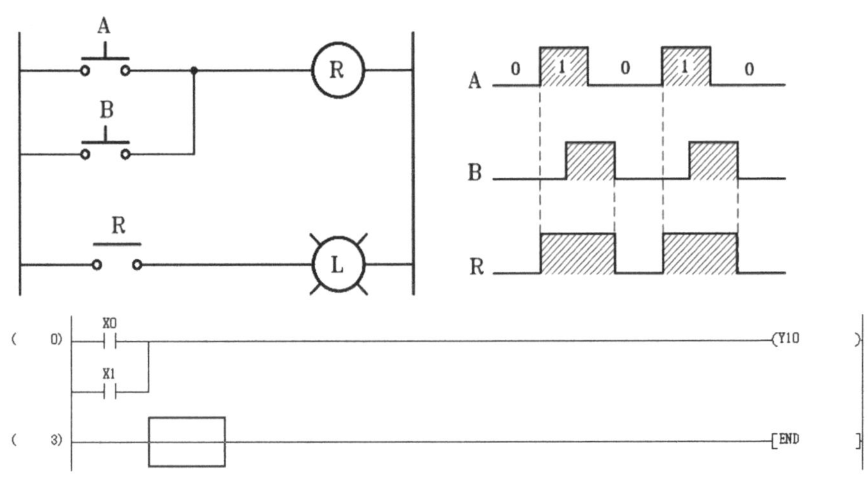

[그림 Ⅲ-8] OR 논리회로

3) NOT 회로

NOT 회로는 출력이 입력의 반대가 되는 회로로서 입력이 0이면 출력이 1이고 입력이 1이면 출력이 0이 되는 부정회로이다.

입력	출력
A	R
0	1
1	0

릴레이의 b접점을 이용한 NOT 회로로서 누름 버튼스위치 A가 눌려 있지

않은 상태에서는 램프가 점등되어 있고, 누름 버튼스위치 A가 눌려지면 R접점이 열려 램프가 소등하는 NOT 회로이다.

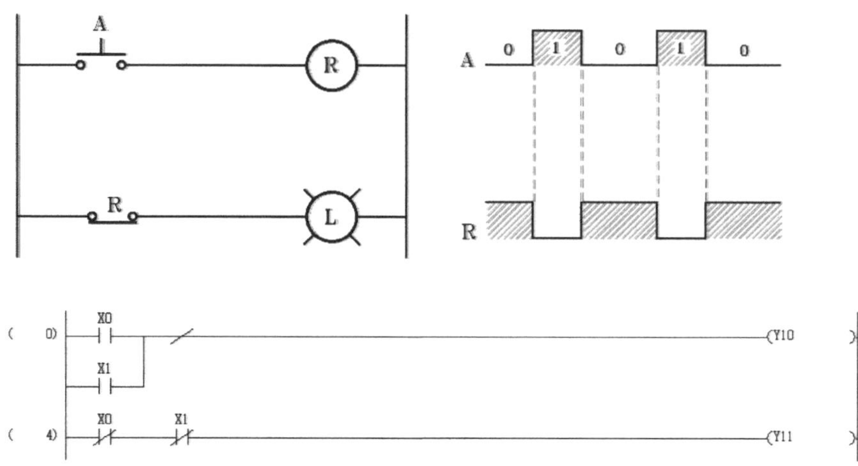

[그림 Ⅲ-9] NOT 논리회로

4) 자기 유지 회로

오프(off) 우선 방식의 자기 유지 회로이며 누름 버튼스위치 PB1을 누르면 릴레이 R이 동작하여 램프가 점등하며 스위치 PB1에서 손을 떼도 전류는 R(1)접점과 PB2를 통해 코일에 계속 흐르므로 동작 유지가 가능하다.

PB1이 복귀하여도 R(1)접점에 의해 R의 동작회로가 유지된다.

자기 유지의 해제는 누름 버튼스위치 PB2에 의해 일어난다.

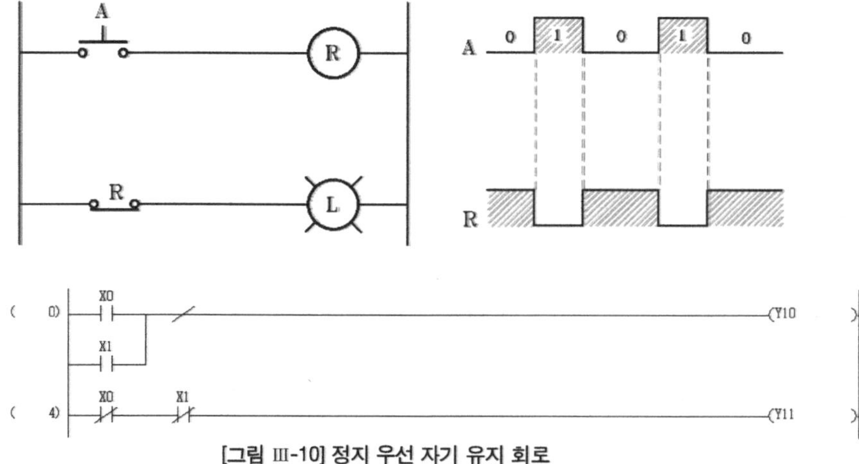

[그림 Ⅲ-10] 정지 우선 자기 유지 회로

5) 인터록 회로

기기의 보호나 작업자의 안전을 위하여 작동 순서에 있는 제어 접점을 이용하여 상대 기기의 동작을 금지하는 회로를 인터록 회로라 하며, 다른 말로 선행 동작 우선 회로 또는 상대 동작 금지 회로라고도 한다.

동작을 살펴보면 누름 스위치 PB1(PB2)이 먼저 ON 되어 R1(R2) 릴레이가 동작하면 PB2(PB1)가 눌려도 R2(R1) 릴레이는 동작할 수 없음을 알 수 있다.

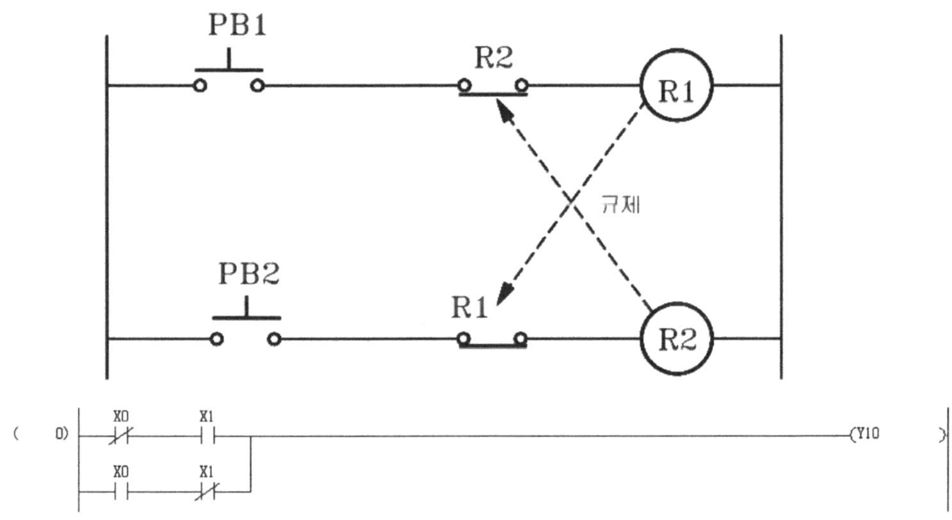

[그림 Ⅲ-11] 인터록 회로

2. PLC 전장

(1) PLC 배선과 명령

PLC를 사용하기 위해서는 입력 장치에는 각종 스위치와 센서, 출력 장치에는 솔레노이드 밸브와 램프, 릴레이 등이 전기적으로 연결되어야 한다.

[그림 Ⅲ-12] PLC 실배선 예시

PLC로 주변 기기를 제어하기 위해서는 입력 기기나 출력 기기의 외부 배선을 작업한다.

PLC를 사용하지 않고 시퀀스 회로로만 구성되어 제어되는 장비와 비교한다면 PLC는 내부 배선에 상당하는 내부 시퀀스를 컴퓨터 소프트웨어 등을 사용하여 쉽게 작성할 수 있다.

이러한 관점에서 PLC 특징의 살펴보면 다음과 같다.

① 프로그램으로 되어 있어 복잡한 제어 및 변경도 쉽다.

② 무접점 회로를 이용함으로써 신뢰성이 향상된다.

③ 프로그램을 통해 고장 상황 모니터링 및 User에게 신속히 보고된다.

④ 제어 내용의 보존성 향상

⑤ 복잡한 회로에서 경제적 규모가 커질수록 효율적이다.

[그림 Ⅲ-13] PLC 배선과 명령

배선 주의사항

① 외부 기기와 전기적 규격이 일치해야 한다.

② 외부 기기로부터 노이즈가 CPU 쪽에 전달되지 않도록 해야 한다.
(포토커플러 사용)

③ 외부 기기와의 접속이 용이해야 한다.

④ 입출력의 각 접점 상태를 감시할 수 있어야 한다.

(2) PLC 전장 구성

시스템에서 PLC는 전장에 구성되어 있으며 PLC 작업자는 프로그래밍 능력뿐만 아니라 전장에 대한 이해도 필요하다.

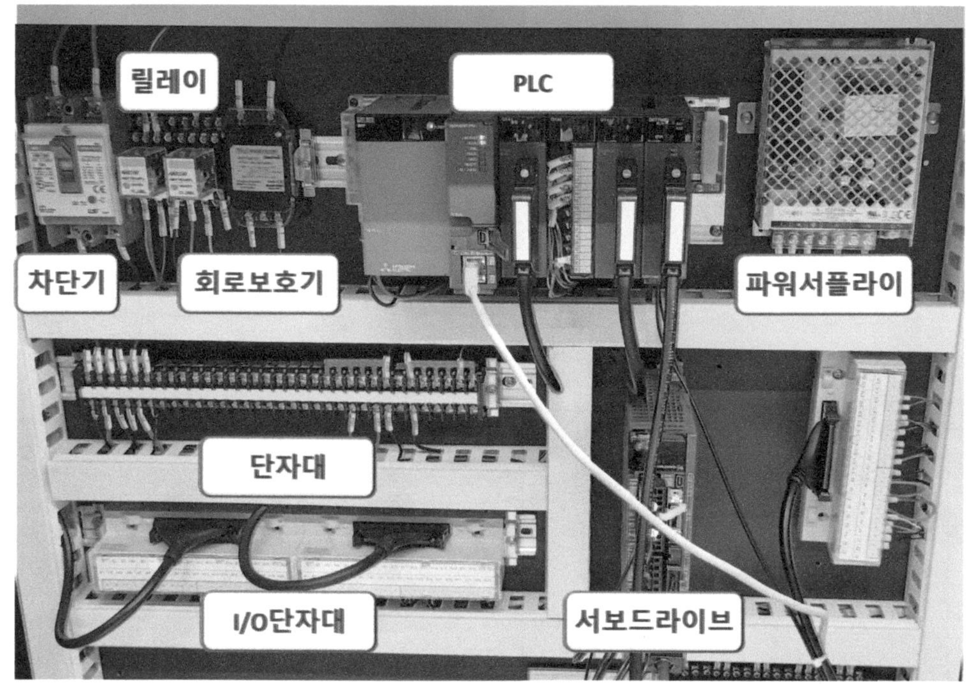

[그림 Ⅲ-14] 시스템 모듈1 전장

1) 배선용 차단기(MCCB)

배선용 차단기는 MCCB(Molded Case Circuit Breaker) 또는 NFB(No Fuse Braker)라고 부른다. 과부하 차단 보호가 목적이며 누전 시 흐르는 누설 전류가 차단기의 정격 전류를 넘어서도 차단기는 OFF 된다. 과부하란 합선에 의한 과대 전류, 부하(기기, 기계)의 과다 사용으로 인한 전류의 과다한 흐름, 그리고 누전에 의한 과전류를 말한다.

① 소호 장치

병렬로 배치된 소호 Grid에 의하여 대전류를 차단할 때 접점 간의 아크(Arc)를 효과적으로 소호할 수 있는 구조로 되어 있다.

② 한류작용

단락 전류에 의한 전자 반발력과 구동 구조를 특수 설계하여 단락 시 회로의 임피던스를 크게 증대시킴에 따라 단락 전류 피크치를 크게 한류시킨다.

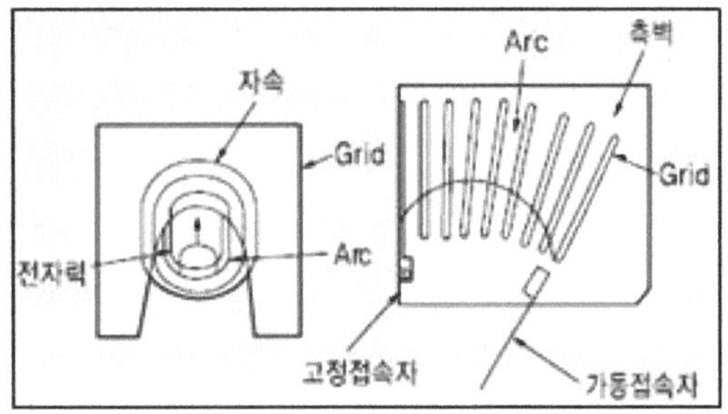

[그림 Ⅲ-15] 차단기 구조

③ 동시 트립 구조

R, S, T상 중 어느 한상에 과전류가 흘러도 R, S, T상이 동시에 트립된다.

자난기 선정 시 고려사항

① 사고 전류 차단이 가능할 것

② 부하 전류를 안전하게 통전할 수 있을 것

③ 부하 시동 시 등, 사고 이외의 경우에 불필요하게 동작하지 않을 것

④ 목적으로 하는 보호가 가능할 것

⑤ 누전 차단기의 정격 전류는 부하 전류 이상의 것을 선정할 것

⑥ 과부하 단락 보호 겸용 누전 차단기의 정격 전류는 분기 회로에서 사용되는 전선의 허용 전류치 이하의 것을 선정할 것

⑦ 회로 전압에 적합한 정격 장치의 것을 선정할 것

⑧ 과부하, 단락 겸용 누전 차단기는 그 시설 개소를 통과하는 단락 전류를 차단할 수 있는 것, 즉 단락 전류치 이상의 정격 차단 용량을 가지는 것을 선정할 것

2) 회로 보호기(Circuit Protector)

일정 전류 이상이 회로에 흐르면 차단시켜 회로를 보호하는 장치로 외부 영향에 의한 보호 목적으로 사용된다.

[그림 Ⅲ-16] 회로 보호기

3) 노이즈 필터(Noise Filter)

AC 전원 라인은 외부의 노이즈가 전자기기로 침입하기도 하고, 전자기기의 내부에서 노이즈가 외부로 유출되는 경로가 되는데, 이러한 두 종류의 노이즈(Common Mode Noise, Normal Mode Noise)를 제거하는 필터링 회로가 필요하다.

연결 주의사항은 아래와 같다.
노이즈 필터는 기기의 입출력 단자와 가장 가깝게 접속해야 하며, Noise Filter의 입출력선은 서로 겹치지 않도록 하여 Noise Filter의 감쇠 특성이 최대한 발휘되도록 한다.

노이즈 필터를 기기에 장착할 때는 가능한 고주파 저항을 최소화시키기 위해 이를 위하여 금속 케이스의 노이즈 필터를 접속할 때는 기기의 접속 부분의 도장 성분을 제거하여 전기 전도성을 좋게 하며, 접지 단자가 있는 노이즈 필터는 반드시 노이즈 필터의 접지 단자와 가장 가까운 거리에 접지한다.

고전압의 Surge Impulse가 침투할 우려가 있는 경우에는 노이즈 필터 앞단에 Surge Absorber를 사용하는 것이 좋다.

노이즈 필터의 전압, 전류 정격 이내에서 사용하여 노이즈 필터의 성능 및 신뢰성이 떨어지지 않도록 한다.

4) 파워 서플라이(Power Supply)

전자기기를 작동시키기 위해서는 IC.나 트렌지스터를 동작시키기 위한 안정된 직류전압이 필요하다. 외부의 교류(AC)전압을 필요한 직류(DC)전압으로 만드는 장치이다.

배선 시 주의사항은 아래와 같다.

① 전압 강하를 고려한 배선

㉠ 입출력 배선은 되도록 굵고 짧게 배선한다.

㉡ 부하 전류를 허용 가능한 선 굵기로 선정한다.

㉢ 전원 출력 전압이 규정 출력 가변 범위를 넘지 않아야 한다.

㉣ 부하 단락 시 허용 전류(정격 전류의 1.6배 이상)를 고려해야 한다.

② 노이즈를 고려한 배선

㉠ 입력선과 출력선은 확실하게 분리한다.

㉡ 입출력선은 루프를 만들지 않는다.

㉢ 접지선은 굵고 짧게 배선하여 어스 접지한다.

㉣ 노이즈 필터 접속한다.

㉤ 리모트 센싱, 리모트 컨트롤의 신호선은 실드선 사용한다.

㉥ 모든 배선은 반드시 꼬아 준다.

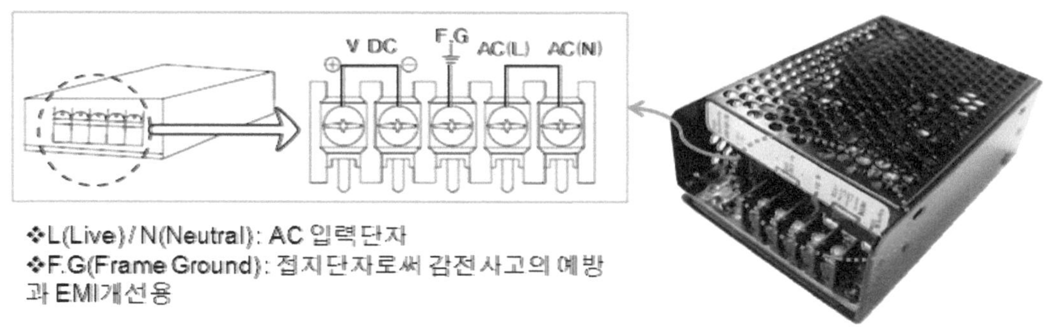

[그림 Ⅲ-17] 파워서플라이 배선도

5) 접점

회로의 개폐 기능을 가진 기구를 일반적으로 스위치라 한다. 스위치는 접점(contact)으로 구성한다.

① a접점(arbeit contact): 보통 때에는 접점이 떨어져 있고, 스위치를 조작할 때에만 접점이 붙는다.

② b접점(break contact): 보통 때에는 접점이 붙어 있고, 스위치를 조작할 때에는 접점이 떨어진다.

③ c접점(전환 접점, 트랜스퍼 접점, change over contact): a접점과 b접점이 하나의 케이스 안에 있는 것으로, 필요에 따라 a접점과 b접점을 선택하여 사용할 수 있다.

6) 스위치

① 자동 복귀 접점: 누름 버튼스위치의 접점과 같이 누르고 있는 동안은 ON 또는 OFF 되지만 조작력을 제거하면 스프링 등의 복귀 기구에 의해 원상태로 자동적으로 복귀하는 접점을 말한다.

② 수동 복귀 접점과 잔류 접점: 한 번 변환시킨 후 원상태로 복귀시키려면 외력을 가해야만 복귀되는 접점 대표적인 예가 가정의 점등 스위치이다.

③ 수동 조작 접점과 자동 조작 접점: 접점을 ON 시키거나 OFF시키는 것

을 조작이라 하고, 누름 버튼스위치나 셀렉터 스위치와 같이 손으로 조작하는 방식을 수동 조작 접점이라 한다. 전기신호에 의해 자유로이 개폐되는 접점을 자동 조작 접점이라 한다.

④ 기계적 접점: 수동 조작 접점이나 자동 조작 접점과는 달리 기계적 운동 부분과 접촉하여 조작되는 점점(예, 리밋 스위치, 마이크로 스위치의 접점)

누름버튼 스위치

셀렉터 스위치

Key형 스위치

비상정지 스위치

[그림 III-18] 종류별 스위치

스위치 조립 방법

① 스위치부와 조작부의 부착 방법: 조작부의 고정턱과 스위치부가 평행이 되는 방향으로 스위치부를 "따깍" 소리가 나도록 세게 눌러 조립한다.

② 캡의 조립 방법: 조광형 누름 버튼스위치의 조작부의 홈에 캡 안쪽의 음각 부위가 들어가도록 눌러 넣을 것

③ 전구를 교환하는 방법: 램프를 손끝으로 잡고 소켓에 눌러 돌려 꽂는다(파손 주의).

④ 선택 스위치 조립 방법: 스위치를 사용할 때에는 명판 및 회전 멈춤링을 사용하여 패널에 멈춤턱을 설치할 것

명판 또는 회전 멈춤링을 사용할 때는 우선 표면에 있는 2개의 날개를 조작부 2개소 웅각 부위에 ①, ②의 순으로 눌러 넣고 다음에 패널 조작부를 눌러 넣는다.

눌러 넣어 줌으로써 조작부가 패널에 고정되며 뒷면에서 조여 부착

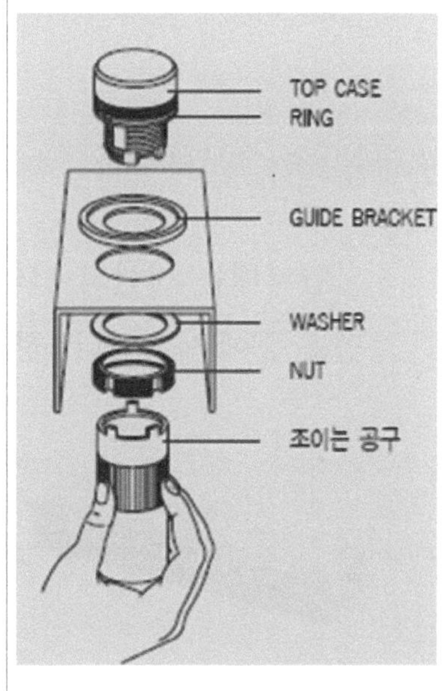

[그림 III-19] 스위치 조립

7) 타워램프

탑형 표시등(SIGN TOWER)이라고도 하며 각종 자동화 기계 등의 기동 정지 신호와 이상 발생 시 위치를 알려준다. 층마다 내부에 반사경을 설치하여 반사광을 유효하게 이용함으로써 휘도 면적을 넓게 해준다.

각종 산업용 기계, 컨베이어 라인, 공사 현장 등에서 위험, 주의, 운전 표시 등의 용도로 사용된다.

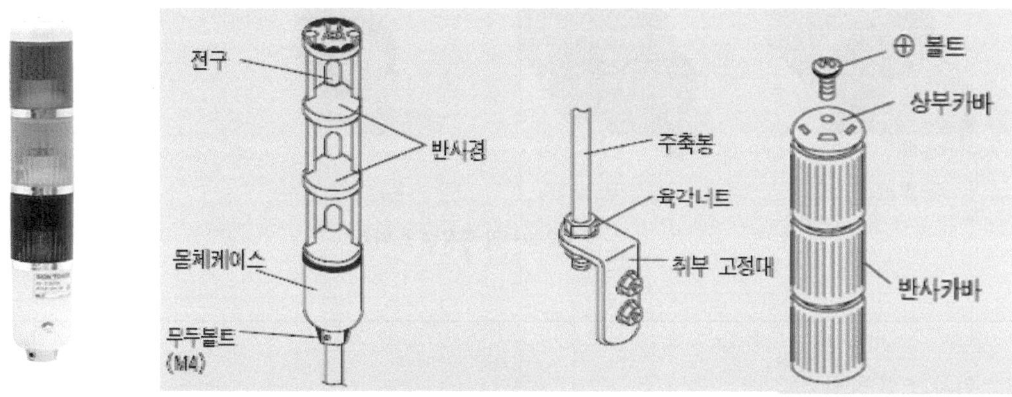

[그림 Ⅲ-20] 타워램프 조립

8) 단자대

단자대는 전선의 인입과 인출이 되는 곳에 사용하며 전원의 인입, 부하의 인출 등에 사용한다. 형태에 따라 조립식과 고정식이 있다.

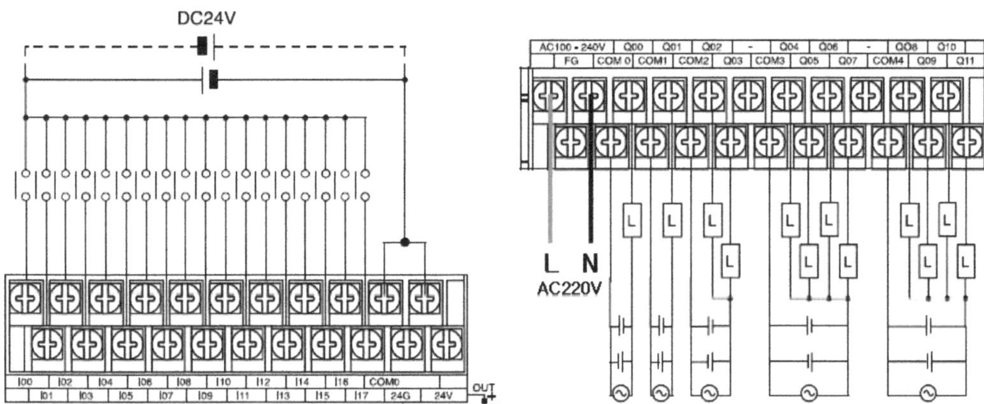

[그림 Ⅲ-21] I/O 단자대 종류와 배선 예시

9) 전장 부속품

① 찬넬(Channel)

계장 부품들을 고정하는 대로 레일의 형태로 되어 있다.

② 스토퍼(Stopper)

찬넬에 고정된 부품들을 고정하는 부품이다.

③ 쇼트바(Short Bar)

단자대에 점퍼시키는 작업에서 선으로 연결하지 않고 쇼트바를 사용하면 편리하다.

④ 닥트(duct)

선을 정리하기 위한 부품으로 고정 후 개폐를 위한 커버로 구성되어 있다.

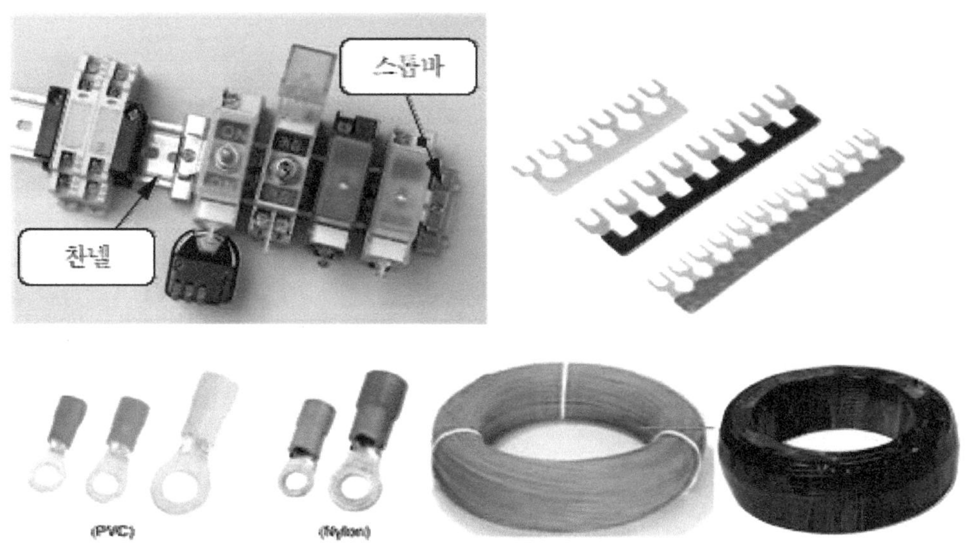

[그림 Ⅲ-22] 전장 부속품

10) 수작업 공구

① 드라이버

드라이버는 나사를 조이는 끝부분의 모양에 따라 일자형(-)과 십자형(+)으로 나뉘며, 크기에 따라 소형, 중형, 대형으로 구분된다. 로봇을 만들 때 사용하는 볼트의 크기에 따라 적당한 크기의 드라이버를 선택하여 사용하면 좋다.

② 스트리퍼

스트리퍼는 전선의 피복을 벗길 때 사용하는 도구이다. 많이 사용하지는 않지만, 사용법을 알고 있으면 쉽게 전선을 다룰 수 있어 편리한 도구이다.

전선은 두께가 틀리기 때문에 스트리퍼의 앞부분은 여러 전선을 사용할 수 있게 굵기에 따른 홈이 파여져 있다. 이 홈에 전선을 넣고 스트리퍼를 잡아당기면 전선의 끊어짐 없이 안전하게 피복만 벗겨진다.

③ 압착기

터미널 단자를 전선과 압착시키기 위한 공구이다.

터미널 단자의 크기에 따라서 1.25, 2, 2.5 등의 규격으로 나뉜다.

④ 니퍼

니퍼는 전선이나 기타 불필요한 부분을 잘라낼 때 사용하는 도구이다. 니퍼를 사용할 때는 끝부분이 날카로우므로 항상 조심해서 다루어야 한다.

⑤ 롱노우즈 플라이어

롱로우즈는 드라어버를 이용하여 볼트와 너트를 조일 때 또는 조그마한 물체를 잡을 때 사용되는 도구이다.

롱로우즈는 물체를 잡을 수 있는 용도 외에도 전선을 끊는 것과 같은 간단한 다른 작업을 할 수 있다. 또한, 철사를 구부릴 때도 유용하게 사용되는 도구이다.

[그림 Ⅲ-23] 수작업 공구

CHAPTER 02

4차 산업혁명 시대, 스마트공장 구축을 위한 스마트제조 & 공정 시스템

MELSEC-Q PLC

학습 목표

1. MELSEC-Q PLC에 대해 이해하고 설명할 수 있다.
2. PLC 주소 할당 방법을 이해하고 설명할 수 있다.
3. GX WORKS2를 이용하여 PLC 래더 프로그램을 작성할 수 있다.

1. PLC 구성

산업 현장에서 많이 사용되고 있는 미쓰비시전기의 MELSEC-Q 시리즈가 사용되었다.

- 형명: Q03UDVCPU
- 프로그램 용량: 30K 스텝
- 디바이스 용량(표준 디바이스+표준 RAM): 126K워드(30K+96K)
- 표준 ROM 용량: 1025.5K 바이트
- 입출력 점수: 입력 16, 출력 32
- 기본 연산 처리 속도(LD 명령): 1.9ns

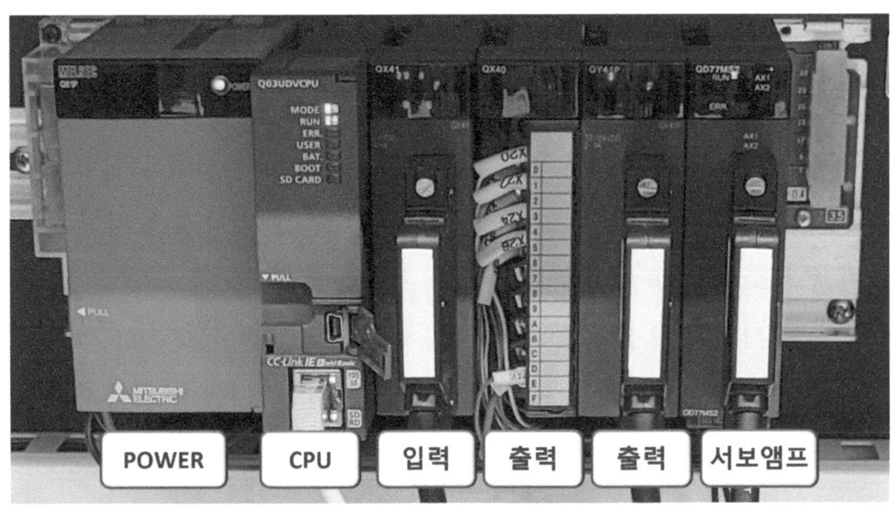

[그림 III-24] 시스템 내 PLC 사진

(1) CPU

CPU에는 프로그램 업로더용으로 USB 포트의 miniB 단자를 사용하고 있고, 그 외에 SD 메모리카드 사용이 가능하다.

외부 장비와 통신을 위해서 장착된 Ethernet 포트를 사용하고 있다.

카세트 접촉용 커넥터는 PLC를 증설할 때 사용한다.

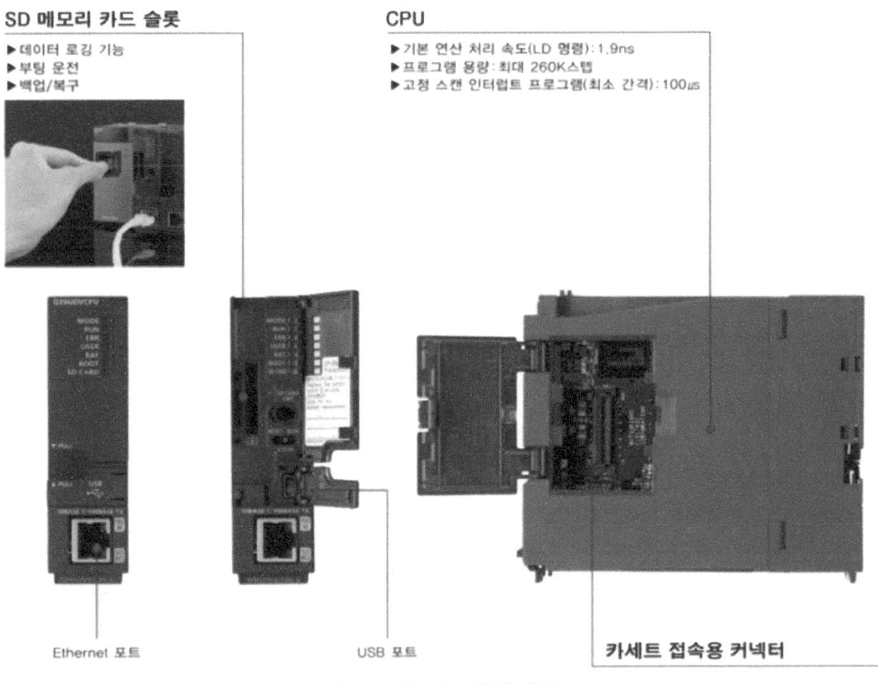

[그림 III-25] CPU 각부 명칭

(2) 서보 엠프

PLC에는 서보모터 제어를 위한 서보 엠프가 장착되어 있다.

시퀀스 프로그램 실행과 멀티 CPU 간 고속 통신(0.88ms 주기)의 병렬 처리 때문에 고속 제어 실현 멀티 CPU 간 고속 통신 주기는 모션 제어에 동기하고 있으므로, 제어의 낭비를 최소화할 수 있다.

인포지션 응답 시간은 모션 CPU에서 사용하고 있는 1축 서보 앰프의 인포지션 신호를 트리거로 PLC CPU에서 2축 서보 앰프에 대해서 축 기동을 실행하여 서보 앰프가 속도 지령을 출력할 때까지의 시간이 CPU 간의 데이터 교신 속도의 지표가 된다.

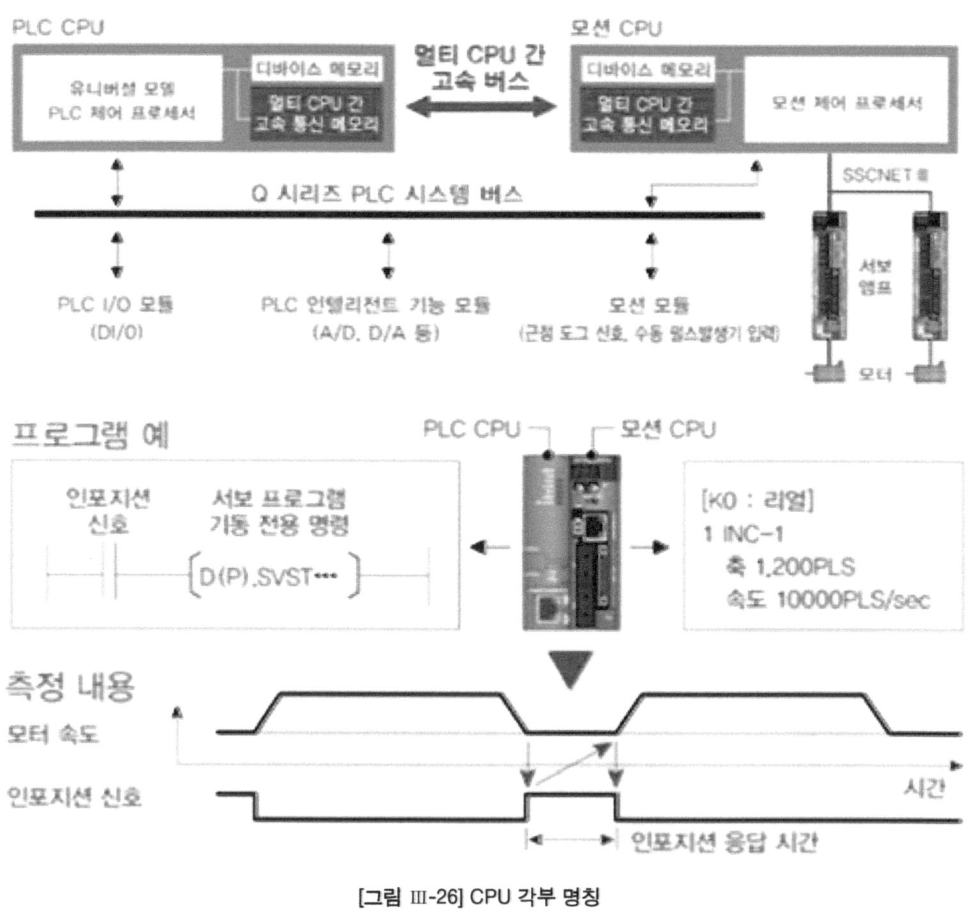

[그림 Ⅲ-26] CPU 각부 명칭

2. PLC I/O 주소 할당

(1) 입출력 번호 할당

할당 점수는 16진수(HEX) 단위로 할당되며 각 모듈의 점수만큼 입출력 번호를 할당한다.

증설 베이스 1번째 단의 슬롯 번호는 기본 베이스의 최종 슬롯 번호를 이어받아 할당한다.

10진수(DEC)와 16진수(HEX): 0~9까지는 10진수와 동일

10~15까지는 A에서 F로 표현

0	1	2	3	4	5	6	7	8	9	10	11	12	13	14	15
0	1	2	3	4	5	6	7	8	9	A	B	C	D	E	F

2진수(BIN)와 16진수(HEX)

0000	0001	0010	0011	0100	0101	0110	0111
0	1	2	3	4	5	6	7
1000	1001	1010	1011	1100	1101	1110	1111
8	9	A	B	C	D	E	F

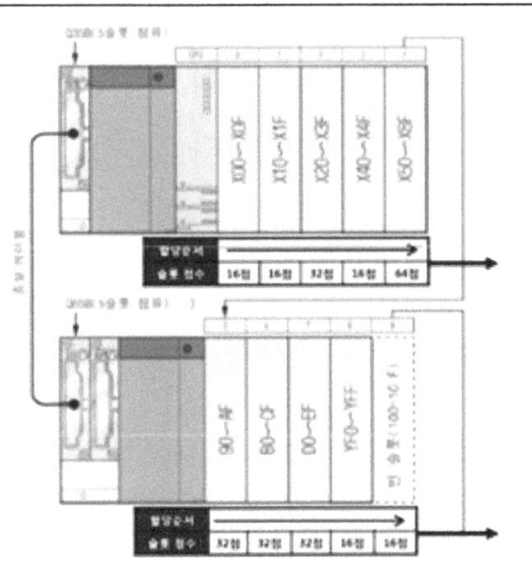

■ 할당 점수는 15진수(HEX) 단위로 할당

Ex) 16점 = 0~F, 32점 = 0~1F,

64점 =0~3F

※ 각 모듈의 점유 점수만큼 입출력 번호를 할당

■ 증설 베이스 1번째 단의 슬롯 번호는 기본 베이스의 최종 슬롯 번호를 이어받아 할당

※ 빈 슬롯 점수 변경 가능(기본 16점)

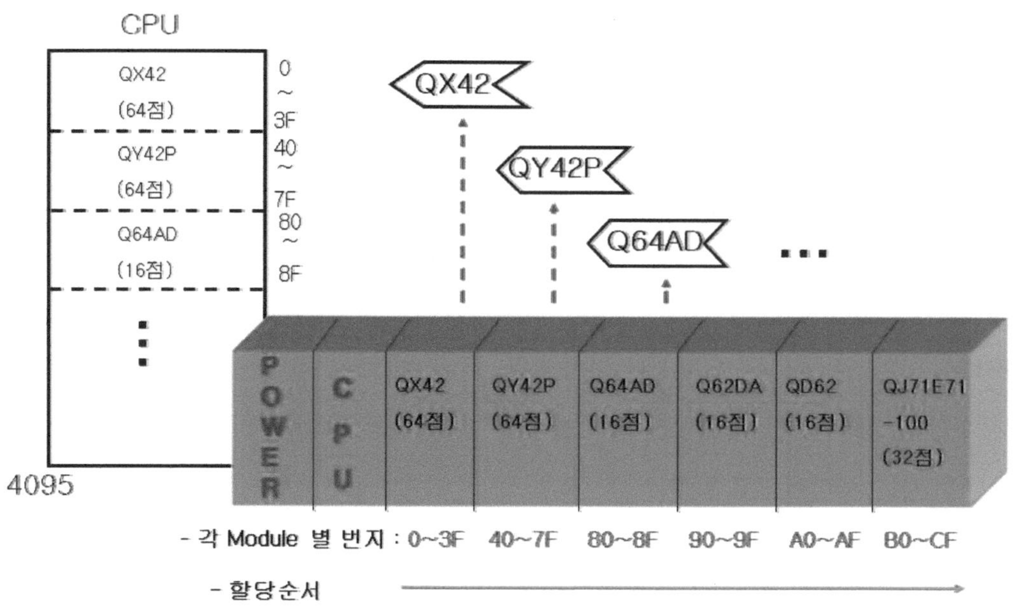

[그림 Ⅲ-27] 입출력 번호

(2) 내부 사용자 디바이스

내부 사용자 디바이스는 사용자의 용도에 맞추어 사용할 수 있는 디바이스이다.

① 입력(X)

입력 디바이스는 누름 버튼, 전환 스위치, 디지털 스위치 등의 외부 기기에 의해 CPU 모듈에 지령이나 데이터를 보내는 데 사용된다.

② 출력(Y)

출력 디바이스는 프로그램의 제어 결과를 외부의 디지털 표시기, 전자 개폐기, 솔레노이드 등에 출력하는 디바이스로 사용된다.

③ 내부 릴레이(M)

내부 릴레이는 CPU 모듈 내부에서 사용하는 보조 릴레이로 PLC의 전원이 OFF → ON 시, CPU 모듈의 리셋 조작 시 내부 릴레이는 모두 OFF 된다.

④ 래치 릴레이(L)

래치 릴레이는 CPU 모듈 내부에서 사용하는 래치(정진 유지)를 사용할 수 있는 보조 릴레이로 PLC의 전원이 OFF→ON 시 CPU 모듈의 리셋 조작이 발생하여도 연산 결과(ON/OFF 정보)가 유지된다.

래치는 CPU 모듈 본체의 배터리에 의해 유지 동작이 실행된다.

⑤ 어넌시에이터(F)

어넌시에이터는 사용자가 작성하는 설비의 이상, 고장 검출용 프로그램에 편리하게 사용되고 있는 내부 릴레이이다.

어넌시에이터 ON 시의 특수 릴레이와 특수 레지스터 어넌시에이터를 ON 하면 특수 릴레이(SM62)가 ON 되어 특수 레지스터(SD62~79)에 ON된 어넌시에이터의 개수와 번호가 저장되어 특수 릴레이(SM62)가 ON 되었을 때 특수 레지스터(SD62~79)를 모니터하면, 설비의 이상, 고장 발생 유무(어넌시에이터 번호)를 확인할 수 있는 기능을 가진다.

⑥ 링크 릴레이(B)

링크 릴레이는 MELSECNET/H 네트워크 모듈 등의 링크 릴레이(LB)를 CPU 모듈에 리프레시하는 경우 또는 CPU 모듈 내 데이터를 MELSECNET/H 네트워크 모듈 등의 링크 릴레이(LB)에 리프레시하는 경우에 사용하는 CPU 모듈 측 릴레이이다.

⑦ 링크 특수 릴레이(B)

링크 특수 릴레이는 MELSECNET/H 네트워크 모듈 등의 인텔리전트 기능 모듈의 통신 상태·이상 검출 상태를 나타내는 릴레이로 링크 특수 릴레이는 데이터 링크 시에 발생하는 다양한 요인에 의해 ON/OFF 된다.

링크 특수 릴레이를 모니터함으로써 데이터 링크의 통신 상태·이상 상태 등을 파악할 수 있다.

⑧ 스텝 릴레이(S)

스텝 릴레이는 SFC 프로그램용 디바이스이다.

⑨ 타이머(T)

타이머(T)는 타이머의 코일이 ON 되면 계측을 시작하고, 현재 값이 설정값 이상이 되면 타임업(Time Up)하여 접점이 ON 되는 디바이스이다.

타이머는 전원이 OFF 되면 계측 값이 리셋되는 일반 타이머와 유지되는 적산 타이머가 있으며 저속용과 고속용으로 분류된다.

⑩ 카운터(C)

카운터는 시퀀스 프로그램으로 입력 조건의 펄스 상승 횟수를 카운트하는 디바이스이다.

카운트 값과 설정값이 동일하게 되면 카운트업하여 접점이 ON 된다.

⑪ 데이터 레지스터(D)

수치 데이터(– 32768~32767 또는 0000H~FFFFH)를 저장할 수 있는 메모리이다.

① 데이터 레지스터의 비트 구성

㉠ 비트 구성과 읽기 및 쓰기 단위 데이터 레지스터는 1점 16비트로 구성되어 있다.

㉡ 32비트 명령으로 데이터 레지스터를 사용할 때는 Dn과 Dn+1이 처리 대상이며, 시퀀스 프로그램으로 지정하고 있는 데이터 레지스터 번호(Dn)가 하위 16비트, Dn+1의 데이터 레지스터가 상위 16비트이다.

ⓒ 데이터 레지스터 2점에는 -2147483648~2147483647 또는 0~FFFFFFFF의 데이터를 저장(32비트 구성 시의 최상위 비트는 부호 비트)

② 저장 데이터의 유지

데이터 레지스터에 저장되어 있는 데이터는 다른 데이터를 저장할 때까지 유지되며 PLC의 전원 OFF 또는 CPU 모듈의 리셋 시 초기화된다.

⑫ 링크 레지스터(D)

링크 레지스터는 MELSECNET/H 네트워크 모듈 등 인텔리전트 기능 모듈 링크 레지스터(LW)의 데이터를 CPU 모듈에 리프레시하는 경우의 CPU 모듈 측의 메모리이며 1점 16비트로 구성되어 16비트 단위이다.

⑬ 링크 특수 레지스터(SW)

링크 특수 레지스터는 MELSECNET/H 네트워크 모듈 등의 인텔리전트 기능 모듈의 통신 상태·이상 내용을 저장하는 레지스터로 데이터 링크 시의 정보가 수치로 저장되므로, 링크 특수 레지스터를 모니터하면 이상 위치 및 원인을 조사할 수 있다.

3. GX WORKS2 사용 방법

(1) 래더 에디터

1) 화면 구성의 개요

메인 프레임의 화면 구성은 아래와 같다. 본 화면은 워크 윈도우 및 각 연결 윈도우를 표시한 상태를 나타낸다.

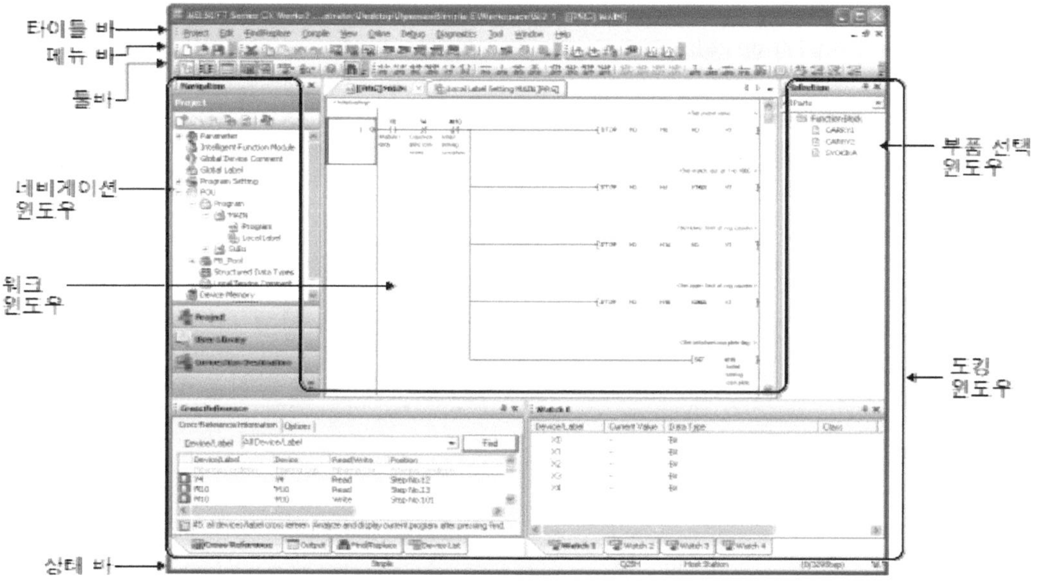

[그림 Ⅲ-28] GX WORKS2 화면 구성

① 타이틀바: 프로젝트명 등이 표시된다.

② 메뉴바: 각 기능을 실행하는 메뉴가 표시

③ 툴바: 각 기능을 실행하는 툴 버튼이 표시

④ 워크 윈도우: 프로그래밍, 파라미터 설정, 모니터 등을 실행하는 메인이 되는 화면

⑤ 연결 윈도우: 워크 윈도우에서 실행하는 작업을 지원하기 위한 화면

⑥ 내비게이션 윈도우: 프로젝트의 내용이 트리 형식으로 표시

⑦ 부품 선택 윈도우: 프로그램 작성용 부품(펑션 블록 등)이 일람 형식으로 표시

⑧ 아웃풋 윈도우: 컴파일이나 체크 결과(에러, 경고 등)가 표시

⑨ 크로스 레퍼런스 윈도우: 크로스 레퍼런스 결과가 표시

⑩ 디바이스 사용 리스트 윈도우: 디바이스 사용 리스트가 표시

⑪ 감시 윈도우1~4: 디바이스의 현재 값 등을 모니터하거나 변경하는 화면

⑫ 인텔리전트 기능 모듈: 인텔리전트 기능 모듈을 모니터하는 화면

⑬ 모니터 1~10: 프로젝트상의 문자열을 검색/바꾸기 하는 화면

⑭ 검색/바꾸기 윈도우: 상태바 편집 중인 프로젝트에 관한 정보가 표시

⑮ 상태바: 편집 중인 프로젝트에 관한 정보가 표시

2) 편집 화면

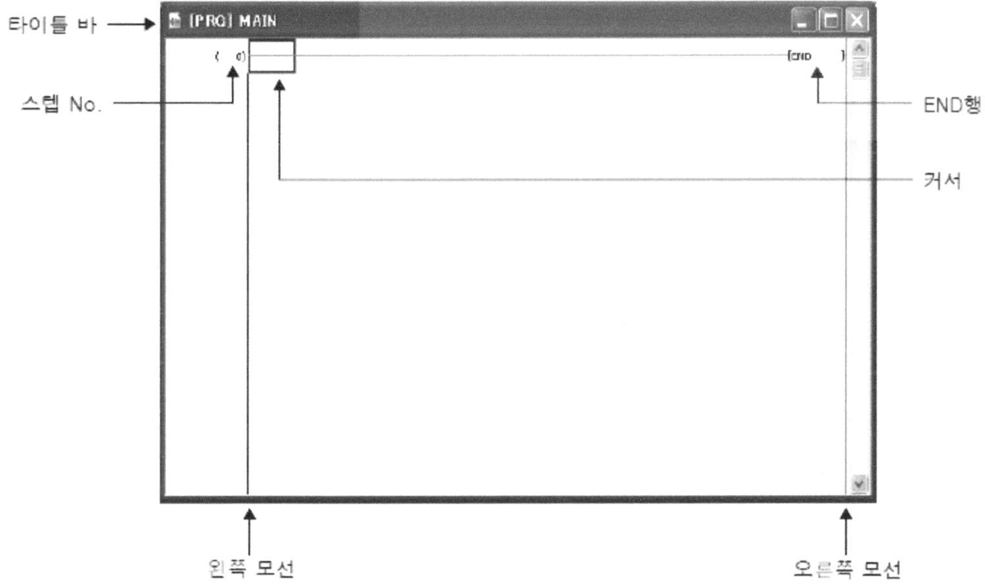

[그림 III-29] 편집화면 설명

(2) 프로그램 작성 과정 안내

1) 프로젝트 새로 만들기

① GX Works2 기동

② 심플 프로젝트를 새로 생성

③ 기존의 심플 프로젝트를 유용하는 경우, 기존의 심플 프로젝트를 열기

2) 파라미터 설정

① 파라미터를 설정

② 파라미터 체크

3) 라벨 설정(라벨을 사용하는 경우)

① 글로벌 라벨 정의

② 로컬 라벨 정의

4) 프로그램 편집과 변환/컴파일(래더 프로그램의 경우)

① 래더 프로그램 편집

② 프로그램을 체크(라벨 미사용 프로젝트의 경우)

③ 변환+컴파일/변환+모두 컴파일(라벨 사용 프로젝트의 경우)

5) PLC CPU에 대한 접속

① PC를 PLC CPU에 접속

② 접속 대상 설정

6) PLC CPU에 대한 쓰기

상단 메뉴바에 보면 노란색으로 칠해 놓은 것처럼 PLC에 쓰기 메뉴가 보인다. 이는 컴퓨터에서 래더 프로그램을 짜거나 설정을 바꾼 다음에 PLC에 적용시키는 기능이다.

① PLC CPU에 파라미터 쓰기

② PLC CPU에 시퀀스 프로그램 쓰기

7) 동작 확인

① 시퀀스 프로그램의 실행 상태 모니터링

8) 프로젝트 종료

① 프로젝트 저장

② GX Works2 종료

(3) 기본 작성 및 실행

1) GX Works2 기동

데스크톱상의 아이콘을 더블클릭하여 소프트웨어 패키지를 기동

2) 신규 프로젝트 작성

메뉴바의 프로젝트에서 새로 만들기를 선택하면 다음과 같은 화면이 뜬다. 설치된 PLC의 시리즈 및 기종을 선택하고, 프로젝트 종류는 심플 프로젝트, 프로그램 언어는 래더를 선택하고, 라벨을 사용하기 위하여 체크박스를 클릭하여 체크 표시가 나타나도록 한 후 확인 버튼을 누른다.

① [Project] ⇒ [New project] 프로젝트 새로 만들기 화면이 나타남.

② 프로젝트 새로 만들기를 클릭

③ 새로 작성하는 프로젝트의 "Project Type", "PLC Series", "PLC Type", "Language"를 리스트 상자에서 선택

④ 설정 후 버튼 클릭

·Project Type: Structured Project

·PLC Series: QCPU (Q mode)

·PLC Type: Q03UDV

·Language: Structured Ladder

구조화 프로젝트의 경우, 라벨은 항시 사용할 수 있으며 여기에서는 체크할 필요 없음.

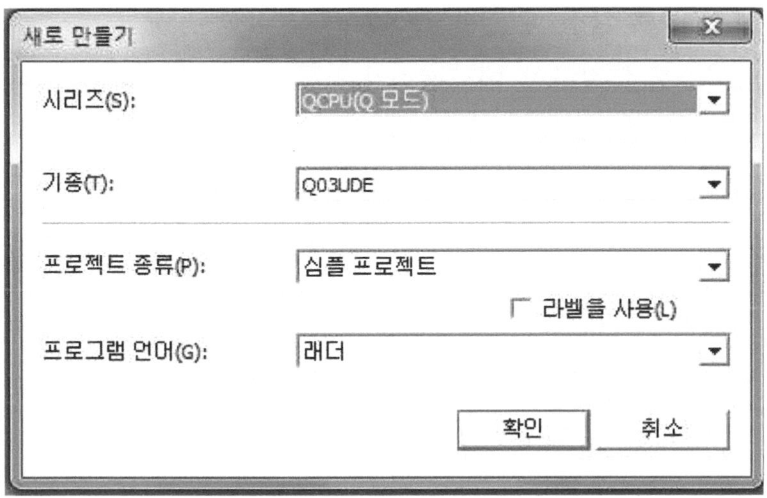

[그림 Ⅲ-30] 새로 만들기

3) PLC 파라미터를 설정

① 프로젝트 뷰의 "Parameter"⇒"PLC parameter"를 더블클릭하면, Q 파라미터 설정 화면이 나타남.

② 버튼을 클릭하면 설정이 확정되고 화면이 닫힘.

4) 글로벌 라벨 설정

① 프로젝트 뷰의 "Global Label" ⇒ "Global1"을 더블클릭

② 글로벌 라벨 설정 화면이 표시

③ 글로벌 라벨 설정 화면의 "Class"를 리스트 상자에서 선택

·Class: VAR_GLOBAL

④ 글로벌 라벨 설정 화면의 "Label Name"을 직접 입력

·Label Name: VAR1

⑤ 글로벌 라벨 설정 화면의 "Data Type"을 직접 입력

·Date Type: Word[Signed]

⑥ 글로벌 라벨 설정 화면의 "Device"를 직접 입력

⑦ 디바이스를 설정하면, 어드레스가 자동으로 설정 또한 어드레스 설정 가능

⑧ 글로벌 라벨 설정 화면의 "Constant", "Comment", "Remark"를 설정

· Constant: 라벨의 클래스가 VAR_GLOBAL인 경우, 상숫값은 설정, 변경할 수 없음.

· Comment: 설정 없음.

· Remark: 설정 없음.

5) 프로그램 작성

① 프로젝트뷰의 "POU" ⇒ "Program" ⇒ "POU_01" ⇒"Program"을 더블클릭

② POU_01[PRG] 프로그램 본체[구조화 래더] 화면 표시

③ 부품 선택 윈도우의 "펑션"⇒"LDP"를 드래그 & 드롭하면, LDP의 펑션이 배치됨.

④ 구조화 래더 툴바의 (외곽선 쓰기)를 클릭하면, 외곽선 쓰기 모드가 실행

⑤ 시점 ⇒ 끝점의 순서로 클릭하면, 외곽선이 작화됨.
(Point에 기재된 외곽선의 자동 접속 기능을 ON 하여 사용하고 있음.)

⑥ 구조화 래더 툴바의 (선택 모드)를 클릭하면, 선택 모드로 전환

⑦ LDP의 펑션을 설정함

· s: X0

⑧ 구조화 래더 툴바의 (a접점)을 클릭 후 배치하는 위치에 커서를 이동하면 a접점이 표시되며, 클릭하면 a점과 왼쪽 모선이 접속되어 변수를 설정

· 변수: Y10

⑨ 구조화 래더 툴바의 (b접점)을 클릭 후 배치하는 위치에 커서를 이동하면 b접점이 표시되며, 클릭하면 b접점과 LDP의 펑션이 접속되어 변수를 설정

· 변수: TS0, TS0은 타이머 T0의 접점을 나타냄.

⑩ 왼쪽 그림 (①)에 외곽선을 씀.

⑪ 외곽선의 작화 후 구조화 래더 툴바의 (선택 모드)를 클릭하여 선택 모드로 전환

⑫ 구조화 래더 툴바의 (코일)을 클릭 후 배치하는 위치에 커서를 이동하면 코일이 표시되며, 클릭하면 코일과 b 접점 "TS0"가 접속되어 변수를 설정

⑬ 외곽선의 작화 후 구조화 래더 툴바의 (선택 모드)를 클릭하여 선택 모드 전환

· 변수: Y10

⑭ 부품 선택 윈도우의 "펑션" ⇒ "OUT_T"를 드래그 & 드롭하면, 펑션이 배치됨.

TCoil , TValue 의 입력 변수 "? "를 클릭하면, 변수를 설정할 수 있음.

· TCoil : TC0

· TValue : 10

⑮ 구조화 래더 툴바의 (a접점)을 클릭 후 배치하는 위치에 커서를 이동하면 a접점이 표시되며, 클릭하면 a접점과 왼쪽 모선이 접속되어 변수를 설정

⑯ 부품 선택 윈도우의 "펑션" ⇒ "MOVP"를 드래그 & 드롭하면, 펑션이 배치

⑰ 구조화 래더 툴바의 (a접점)을 클릭 후 배치하는 위치에 커서를 이동하면 a접점이 표시되며, 클릭하면 a접점과 왼쪽 모선이 접속되어 변수를 설정

· 변수: X2

⑱ 부품 선택 윈도우의 "펑션"⇒"MOVP"를 드래그 & 드롭하면, 펑션이 배치

· s : 20

· d : VAR1

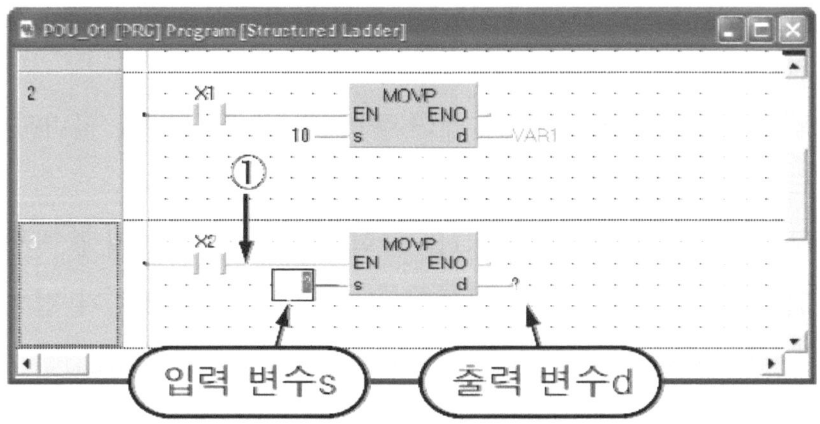

[그림 Ⅲ-31] 래더 프로그램 작성

6) 프로그램 컴파일

프로그램의 컴파일에는 다음 2종류가 있는데 각각 컴파일의 대상이 되는 프로그램이 다르다. 여기에서는 모두 컴파일한다.

① [Compile] ⇒ [Rebuild All] 메뉴를 선택

(변환 + 모두 컴파일)을 클릭해도 실행

② [YES] 버튼을 클릭하면, 모두 컴파일 실행

③ 에러가 있으면 아웃풋 윈도우가 표시

7) PLC CPU에 프로젝트 쓰기

① PC와 PLC CPU 접속

② 접속 대상 설정

③ PC를 USB 케이블로 CPU(Q02HCPU)에 접속하는 경로를 설정

④ 내비게이션 윈도우의 뷰 선택 영역에서 "Connection Destination"을 클릭하면 접속 대상 뷰가 표시

⑤ 접속 대상 뷰의 현재 접속 대상 "Connection1"을 더블클릭하면, 접속 대상 설정 화면 표시

⑥ "PC side I/F"의 "Serial USB"를 더블클릭하면, PC측 I/F 시리얼 상세

설정 화면 표시

⑦ PC측 I/F를 설정 후 [OK] 버튼을 클릭하면, 설정을 완료하고 화면이 닫힘.

⑧ "PLC side I/F"의 " PLC Module"을 클릭하고 사용하는 인터페이스를 선택

⑨ [Connection test] 버튼을 클릭하면, 설정된 접속 경로에서 PLC CPU와의 통신 테스트가 실행

⑩ 통신 테스트에 성공하면 왼쪽의 화면이 표시되고, "PLC Type"란에 PLC CPU 형명 표시

⑪ [OK] 버튼을 클릭하면, 접속 대상 설정을 완료하고 화면이 닫힘.

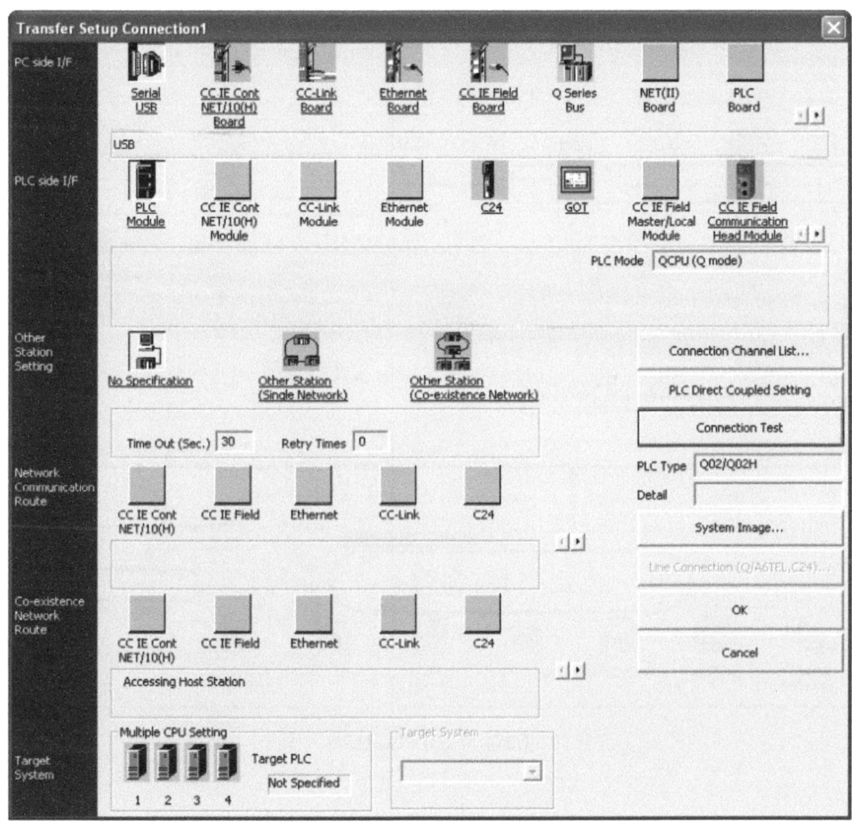

[그림 III-32] Connection 설정

8) 프로젝트를 PLC CPU에 쓰기

① [Online] ⇒ [Write to PLC] 메뉴를 선택하면, 온라인 데이터 조작 화면이 표시

② 온라인 데이터 조작 화면에서 대상 모듈, 프로젝트를 설정 후 [Execute] 버튼 클릭

③ [YES] 버튼을 클릭하면, 프로젝트(프로그램)를 씀.

④ 쓰기가 종료되면 "Write to PLC : Completed"가 표시됨.

⑤ [CLOSE] 버튼을 클릭하면, PLC 쓰기 화면이 닫힘.

⑥ [CLOSE] 버튼을 클릭하면, 온라인 데이터 조작 화면이 닫힘.

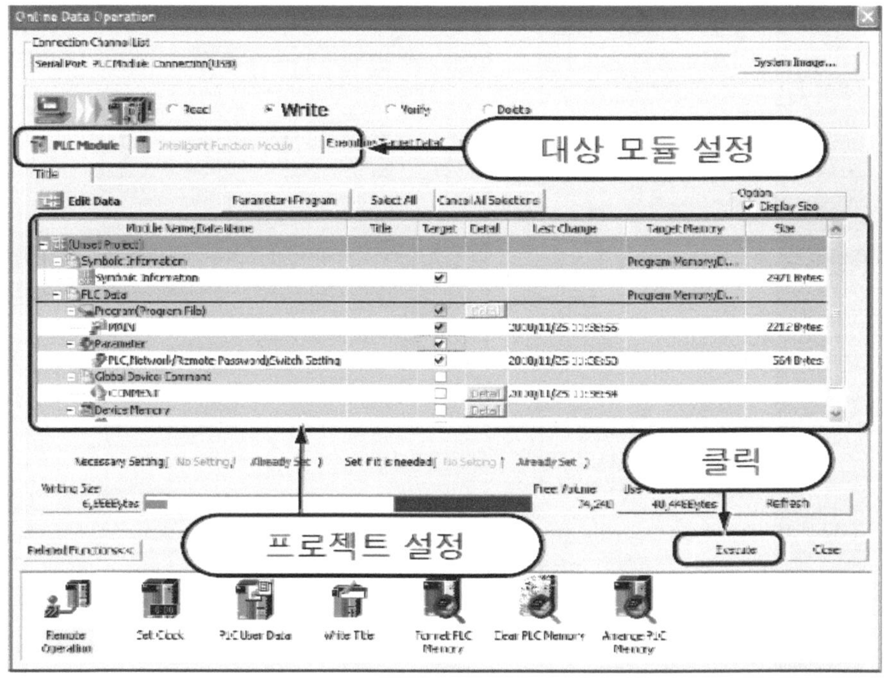

[그림 Ⅲ-33] PLC 쓰기

9) 동작 모니터(프로그램 모니터)

모니터를 실행하여 동작을 확인한다. 몇 개의 모니터 화면의 표시 예로 편의상 인쇄의 색을 바꾸고 있다. GX Works2에는 오프라인으로 동작을 시뮬레이션하는 기능도 가능하다.

① 내비게이션 윈도우의 뷰 선택 영역에서 "Project"를 클릭하면 프로젝트 뷰가 표시

② 프로젝트 뷰의 "POU" ⇒ "Program" ⇒ "POU_01" ⇒ "Program"을 더블클릭

③ POU_01[PRG] 프로그램 본체[구조화 래더] 화면이 표시

④ [Online] ⇒ [Monitor] ⇒ [Start monitor] 메뉴를 선택하면, POU_01[PRG] 프로그램[구조화 래더] 화면이 모니터 상태

⑤ PLC CPU의 RUN/STOP 스위치를 RUN 측으로 함.

⑥ [Online] ⇒ [Monitor] ⇒ [Stop Monitor] 메뉴를 선택하면, POU_01[PRG] 프로그램[구조화 래더] 화면의 모니터 상태를 해제

⑦ PLC CPU를 STOP 상태로 함.

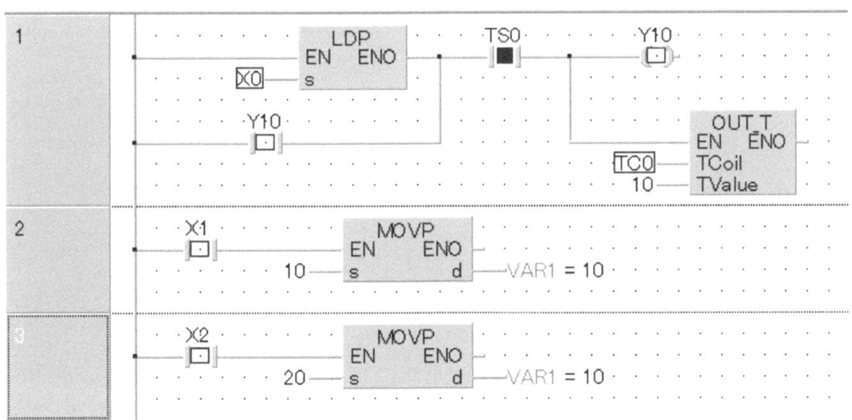

[그림 III-34] 동작 모니터

1. 래치 회로

한 번 누르면 켜지고 다시 누르면 꺼지는 동작 반복 – 유지형 푸시 버튼스위치 기능

2. 점멸 회로

① 특수 릴레이(SM411–0.1초, SM412–0.5초, SM413–1초 간격)

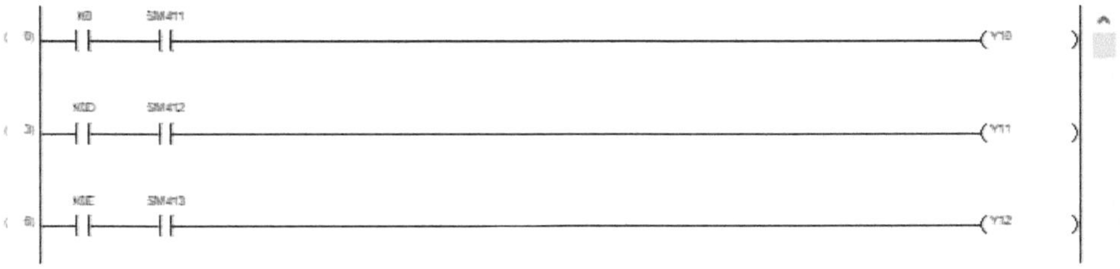

② 타이머와 비교 연산

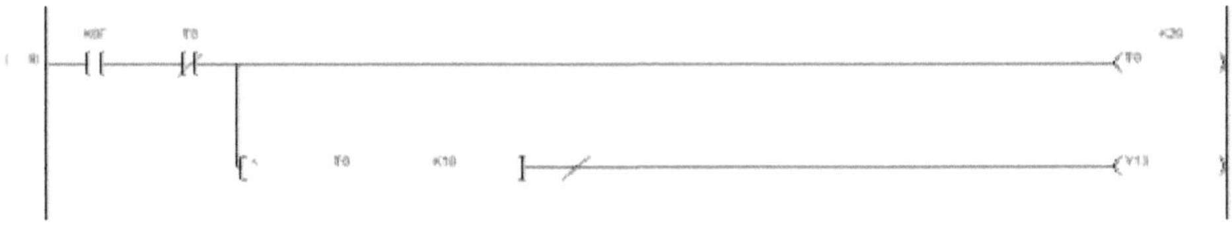

③ 타이머 2개 사용 – 1

(0) X0 T2 K10 (T1)
T1 K10 (T2)
(11) T1 (RL)

④ 타이머 2개 사용 – 2

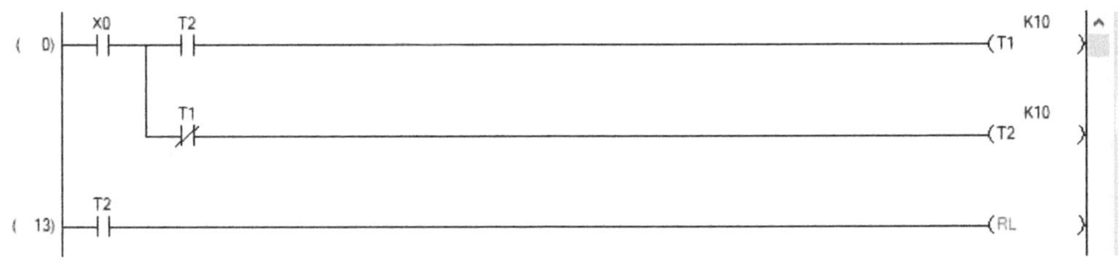

3. 일정 시간 동작 회로

(0) X0 T1 (M0)
M0 K20 (T1)
(8) M0 (RL)

4. 입출력 할당표

(1) 모듈1 입력

Class	Lavbel Name	Data Type	Device	Comment	Remark
VAR_GLOBAL	S1_CA	Bit	X00	워크 도착	용량형 센서
VAR_GLOBAL	S2_IN	Bit	X01	워크 도착	유도형 센서
VAR_GLOBAL	S3_PO	Bit	X02	워크 도착	직접반사형 광센서
VAR_GLOBAL	S4_PO	Bit	X03	워크 유무	투수광형 광센서
VAR_GLOBAL	S5_PO	Bit	X04	워크 반송 도착	투수광형 광센서
VAR_GLOBAL	S6_UP	Bit	X05	1축 실린더 상승	리드 센서
VAR_GLOBAL	S7_DN	Bit	X06	1축 실린더 하강	리드 센서
VAR_GLOBAL	S8_GP	Bit	X07	1축 워크 그립	리드 센서
VAR_GLOBAL	S9_SRCA1	Bit	X08	SRC_A1	직접반사형 광센서
VAR_GLOBAL	S10_SRCA2	Bit	X09	SRC_A2	직접반사형 광센서
VAR_GLOBAL	S11_SRCB1	Bit	X0A	SRC_B1	직접반사형 광센서
VAR_GLOBAL	S12_SRCB2	Bit	X0B	SRC_B2	직접반사형 광센서
VAR_GLOBAL	S13_SRCC1	Bit	X0C	SRC_C1	직접반사형 광센서
VAR_GLOBAL	S14_SRCC2	Bit	X0D	SRC_C2	직접반사형 광센서
VAR_GLOBAL	S15_SRCFOR	Bit	X0E	SRC_전진	리드 센서
VAR_GLOBAL	S16_SRCREV	Bit	X0F	SRC_후진	리드 센서
VAR_GLOBAL	S17_RFID	Bit	X10	RFID 워크 검출	직접반사형 광센서
VAR_GLOBAL	S18_DR1UP	Bit	X11	드릴1 상승	리드 센서
VAR_GLOBAL	S19_DR1DN	Bit	X12	드릴1 하강	리드 센서
VAR_GLOBAL	S20_DR1WK	Bit	X13	드릴1 워크 검출	직접반사형 광센서
VAR_GLOBAL	S21_DR2UP	Bit	X14	드릴2 상승	리드 센서
VAR_GLOBAL	S22_DR2DN	Bit	X15	드릴2 하강	리드 센서
VAR_GLOBAL	S23_DR2WK	Bit	X16	드릴2 워크 검출	직접반사형 광센서
VAR_GLOBAL		Bit	X17		
VAR_GLOBAL		Bit	X18		
VAR_GLOBAL		Bit	X19		
VAR_GLOBAL		Bit	X1A		
VAR_GLOBAL	SS1_AUTO	Bit	X1B	선택 스위치_자동	
VAR_GLOBAL	SS2_START	Bit	X1C	시작 스위치	
VAR_GLOBAL	SS3_STOP	Bit	X1D	정지 스위치	
VAR_GLOBAL	SS4_EM	Bit	X1E	비상 스위치	B접점 연결
VAR_GLOBAL		Bit	X1F		

Class	Lavbel Name	Data Type	Device	Comment	Remark
VAR_GLOBAL	V6_I1	Bit	X20	핸들링 로봇 입력1	
VAR_GLOBAL	V6_I2	Bit	X21	핸들링 로봇 입력2	
VAR_GLOBAL	V6_I3	Bit	X22	핸들링 로봇 입력3	
VAR_GLOBAL	V6_I4	Bit	X23	핸들링 로봇 입력4	
VAR_GLOBAL	V6_I5	Bit	X24	핸들링 로봇 입력5	
VAR_GLOBAL	V6_I6	Bit	X25	핸들링 로봇 입력6	
VAR_GLOBAL	V6_I7	Bit	X26	핸들링 로봇 입력7	
VAR_GLOBAL	V6_I8	Bit	X27	핸들링 로봇 입력8	
VAR_GLOBAL		Bit	X28		
VAR_GLOBAL		Bit	X29		
VAR_GLOBAL		Bit	X2A		
VAR_GLOBAL		Bit	X2B		
VAR_GLOBAL		Bit	X2C		
VAR_GLOBAL		Bit	X2D		
VAR_GLOBAL		Bit	X2E		
VAR_GLOBAL		Bit	X2F		

(2) 모듈1 출력

Class	Lavbel Name	Data Type	Device	Comment	Remark
VAR_GLOBAL	CV1_ON	Bit	Y30	컨베이어1 모터 ON	
VAR_GLOBAL	CV2_ON	Bit	Y31	컨베이어2 모터 ON	
VAR_GLOBAL	CV3_ON	Bit	Y32	컨베이어3 모터 ON	
VAR_GLOBAL	A1_DN	Bit	Y33	1축 공급 하강 솔 ON	
VAR_GLOBAL	A1_GP	Bit	Y34	1축 공급 그립 솔 ON	
VAR_GLOBAL	SRC_FOR	Bit	Y35	SRC 전진 솔 ON	
VAR_GLOBAL	SRC_REV	Bit	Y36	SRC 후진 솔 ON	
VAR_GLOBAL	DR1_DN	Bit	Y37	드릴1 하강 솔 ON	
VAR_GLOBAL	DR1_MO	Bit	Y38	드릴1 모터 ON	
VAR_GLOBAL	DR2_DN	Bit	Y39	드릴2 하강 솔 ON	
VAR_GLOBAL	DR2_MO	Bit	Y3A	드릴2 모터 ON	
VAR_GLOBAL	TWL_G	Bit	Y3B	타워램프 녹색	
VAR_GLOBAL	TWL_Y	Bit	Y3C	타워램프 황색	
VAR_GLOBAL	TWL_R	Bit	Y3D	타워램프 적색	
VAR_GLOBAL	LST	Bit	Y3E	시작 스위치 램프	스위치 내장형
VAR_GLOBAL	LSTOP	Bit	Y3F	정지 스위치 램프	스위치 내장형
VAR_GLOBAL	V6_O1	Bit	Y48	핸들링 로봇 출력1	
VAR_GLOBAL	V6_O2	Bit	Y49	핸들링 로봇 출력2	
VAR_GLOBAL	V6_O3	Bit	Y4A	핸들링 로봇 출력3	
VAR_GLOBAL	V6_O4	Bit	Y4B	핸들링 로봇 출력4	
VAR_GLOBAL	V6_O5	Bit	Y4C	핸들링 로봇 출력5	
VAR_GLOBAL	V6_O6	Bit	Y4D	핸들링 로봇 출력6	
VAR_GLOBAL	V6_O7	Bit	Y4E	핸들링 로봇 출력7	
VAR_GLOBAL	V6_O8	Bit	Y4F	핸들링 로봇 출력8	

(3) 모듈2 입력

Class	Lavbel Name	Data Type	Device	Comment	Remark
VAR_GLOBAL	S1_PO	Bit	X00	워크 도착	직접반사형 광센서
VAR_GLOBAL	S2_R3FOR	Bit	X01	3축 실린더 전진	리드 센서
VAR_GLOBAL	S3_R3REV	Bit	X02	3축 실린더 후진	리드 센서
VAR_GLOBAL	S4_R3GP	Bit	X03	3축 실린더 그립	리드 센서
VAR_GLOBAL	S5_EXT1UP	Bit	X04	압출1 실린더 상승	
VAR_GLOBAL	S6_EXT1DN	Bit	X05	압출1 실린더 하강	
VAR_GLOBAL	S7_EXT1WORK	Bit	X06	압출1 워크 감지	
VAR_GLOBAL	S8_EXT2UP	Bit	X07	압출2 실린더 상승	
VAR_GLOBAL	S9_EXT2DN	Bit	X08	압출2 실린더 하강	
VAR_GLOBAL	S10_EXT2WORK	Bit	X09	압출2 워크 감지	
VAR_GLOBAL	S11_HET1UP	Bit	X0A	히팅1 실린더 상승	
VAR_GLOBAL	S12_HET1DN	Bit	X0B	히팅1 실린더 하강	
VAR_GLOBAL	S13_HET1WORK	Bit	X0C	히팅1 워크 감지	
VAR_GLOBAL	S14_HET2UP	Bit	X0D	히팅2 실린더 상승	
VAR_GLOBAL	S15_HET2DN	Bit	X0E	히팅2 실린더 하강	
VAR_GLOBAL	S16_HET2WORK	Bit	X0F	히팅2 워크 감지	
VAR_GLOBAL	S17_VISIONON	Bit	X10	비전 워크 감지	
VAR_GLOBAL	S18_TUR1	Bit	X11	터닝1 턴	
VAR_GLOBAL	S19_RETUR1	Bit	X12	터닝1 리턴	
VAR_GLOBAL	S20_TUR1WORK	Bit	X13	터닝1 워크 감지	
VAR_GLOBAL	S21_TUR2	Bit	X14	터닝2 턴	
VAR_GLOBAL	S22_RETUR2	Bit	X15	터닝2 리턴	
VAR_GLOBAL	S23_TUR2WORK	Bit	X16	터닝2 워크 감지	
VAR_GLOBAL	S24_SINKA1	Bit	X17	SINK_A1	
VAR_GLOBAL	S25_SINKA2	Bit	X18	SINK_A2	
VAR_GLOBAL	S26_SINKB1	Bit	X19	SINK_B1	
VAR_GLOBAL	S27_SINKB2	Bit	X1A	SINK_B2	
VAR_GLOBAL	S28_SINKC1	Bit	X1B	SINK_C1	
VAR_GLOBAL	S29_SINKC2	Bit	X1C	SINK_C2	
VAR_GLOBAL	S30_SINKFOR	Bit	X1D	SINK_전진	
VAR_GLOBAL	S31_SINKREV	Bit	X1E	SINK_후진	
VAR_GLOBAL	S32_CV1WORK	Bit	X1F	컨베이어1 워크 감지	

Class	Lavbel Name	Data Type	Device	Comment	Remark
VAR_GLOBAL	SS1_AUTO	Bit	X20	선택 스위치_자동	
VAR_GLOBAL	SS2_START	Bit	X21	시작 스위치	
VAR_GLOBAL	SS3_STOP	Bit	X22	정지 스위치	
VAR_GLOBAL	SS4_EM	Bit	X23	비상 스위치	B접점 연결

(4) 모듈2 출력

Class	Lavbel Name	Data Type	Device	Comment	Remark
VAR_GLOBAL	CV1_ON	Bit	Y30	컨베이어1 모터 ON	
VAR_GLOBAL	CV2_ON	Bit	Y31	컨베이어2 모터 ON	
VAR_GLOBAL	CV3_ON	Bit	Y32	컨베이어3 모터 ON	
VAR_GLOBAL	R3_FOR	Bit	Y33	3축 공급 전진 솔 ON	
VAR_GLOBAL	R3_REV	Bit	Y34	3축 공급 후진 솔 ON	
VAR_GLOBAL	R3_GRP	Bit	Y35	3축 공급 그립 솔 ON	
VAR_GLOBAL	SINK_FOR	Bit	Y36	SINK 전진 솔 ON	
VAR_GLOBAL	SINK_REV	Bit	Y37	SINK 후진 솔 ON	
VAR_GLOBAL	EXT1_DN	Bit	Y38	압출1 하강 솔 ON	
VAR_GLOBAL	EXT2_DN	Bit	Y39	압출2 하강 솔 ON	
VAR_GLOBAL	HET1_DN	Bit	Y3A	히팅1 하강 솔 ON	
VAR_GLOBAL	HET1_LEDON	Bit	Y3B	히팅1 LED ON	
VAR_GLOBAL	HET2_DN	Bit	Y3C	히팅2 하강 솔 ON	
VAR_GLOBAL	HET2_LEDON	Bit	Y3D	히팅2 LED ON	
VAR_GLOBAL	TUR1	Bit	Y3E	터닝1 턴	
VAR_GLOBAL	TUR2	Bit	Y3F	터닝2 턴	
VAR_GLOBAL	TWL_G	Bit	Y48	타워램프 녹색	
VAR_GLOBAL	TWL_Y	Bit	Y49	타워램프 황색	
VAR_GLOBAL	TWL_R	Bit	Y4A	타워램프 적색	
VAR_GLOBAL	LST	Bit	Y4B	시작 스위치 램프	스위치 내장형
VAR_GLOBAL	LSTOP	Bit	Y4C	정지 스위치 램프	스위치 내장형

CHAPTER 03

4차 산업혁명 시대, 스마트공장 구축을 위한 스마트제조 & 공정 시스템

데이터 감시 제어(SCADA)

학습 목표

1. SCADA에 대해 이해하고 설명할 수 있다.
2. X-SCADA의 특징을 이해하고 설명할 수 있다.
3. 모니터링 화면을 작화할 수 있다.

1. SCADA 소개

스카다는 Supervisory Control And Data Acquisition의 약자로 감시 제어 및 데이터 취득으로 해석할 수 있다. 일반적으로 산업 제어 시스템, 공장의 산업 공정, 기반 시설, 설비 등의 작업 공정을 감시하고 제어하는 컴퓨터 시스템이라고 할 수 있다.

① 산업 공정: 제조, 생산, 발전, 가공, 제련 과정 등에 필요한 작업 절차를 의미하며, 연속/집단/반복/분산 방식으로 운영된다.

② 기반 시설: 물 처리와 분배, 폐수 수거/처리, 기름/가스 파이프라인, 송전 및 배전, 풍력발전소, 방공 및 민방위 시스템, 대규모 통신 시스템 등에 필요한 공정을 의미한다.

③ 설비 공정: 건축, 공항, 조선, 우주정거장 사업 등에 사용되는 작업 공정을 의미한다. 여기서는 공조 설비, 진입로, 에너지 소모 등을 감시하고 제어한다.

스카다 시스템은 작업 공정을 잘 정돈하여 보여 주는 쪽이며, 실시간으로 공정을 제어하지 않는 것으로 분산 제어 시스템과 구분하였지만 통신 기술의 발달로 스마트공장에서는 실시간 제어까지도 확대되고 있다.

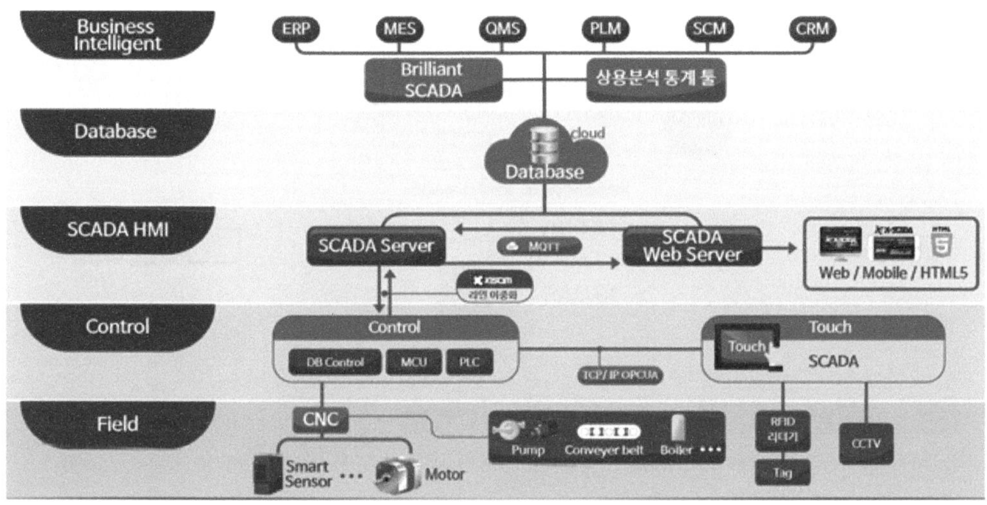

[그림 III-35] SCADA 구조

(1) X-SCADA 이해

X-SCADA는 상위 시스템인 ERP/MES와 데이터 연동이 가능하며, X-SCADA 자체만으로도 별도의 소형 ERP와 MES 시스템을 구축할 수 있다. X-SCADA의 가장 큰 장점과 변화는 기존 방식인 SCADA와 ERP/MES의 데이터 네트워크를 위한 미들웨어 Middleware가 필요 없어지므로 유지보수 비용을 절감할 수 있다.

X-SCADA는 4차 산업혁명 시대에 필요한 최신 기술이 집약된 혁신적인 산업 자동화 소프트웨어 개발 툴이며, 다양한 자동화 모니터링 및 제어기기(PLC, Control Device)의 실시간 데이터와 Database 정보를 X-SCADA만의 안정적이고 강력한 최적의 통합 플랫폼 환경으로 손쉽고 빠르게 구축할 수 있다. HTML5 기술을 이용하여 Axtive-X 없이도 Web/Mobile에서 제어 감시가 가능하다. X-SCADA는 다양한 산업 현장 네트워크에 맞는 수많은 컨트롤러와 IOT 디바이스 프로토콜을 지원하

며 풍부한 SVG 라이브러리와 JavaScript 지원, 그리고 편리한 GUI 환경 및 강력한 편집기 등은 산업 현장의 수많은 기능을 손쉽고 편리하게 표현하는 최고의 스마트 팩토리 도구이다.

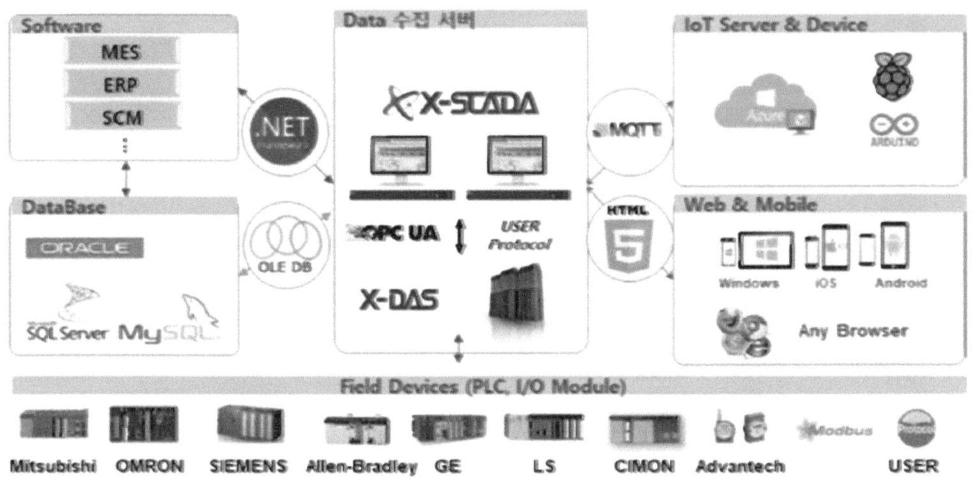

[그림 Ⅲ-36] X-SCADA 구성

(2) X-SCADA 주요 기능

1) 다중화 통신

스마트팩토리 구축 시 데이터 손실을 방지하기 위해 기기와의 통신을 다중으로 구성할 수 있다. 통신을 다중화하여 통신의 안정성을 높이고 궁극적으로 자동화 기기와 지속적으로 연결할 수 있다. 예를 들어 미쓰비시 PLC-Base에 이더넷 모듈1, 시리얼 모듈1, 이더넷 모듈2가 삽입되어 있다면, X-SCADA 통신 등록 시 3가지를 따로 등록이 가능하며, 이더넷 모듈1이 통신이 끊기면, 시리얼 모듈1이 대체하여 통신하고, 시리얼 모듈1도 통신이 끊기면, 이더넷 모듈2가 대체 통신할 수 있도록 특허를 받아 설계되었다.

2) 다양한 통신 드라이버

기존 현장에 사용되는 산업 제어기와 통신하기 위해서는 통신 드라이버가 필요하며 등록된 Device와 1~0msec의 초고속 송수신과 데이터 수집이 가능하며, 새로운 프로토콜을 개발 시 난이도에 따라 1~5일 이내에 처리될 수 있도록 설계되어 있다. 그리고 우리나라의 현장 프로토콜은 범용 프로토콜인 Modbus의 기술을 보편적으로 사용하지만, 보안과 인터넷 기술이 발전함에 따라 OPC UA, MQTT, Web Request와 같은 통합 프로토콜의 기술을 적용하는 네트워크 융합 현장도 SCADA로 대응할 수 있다.

현장에서 사용하는 다양한 제어기기 드라이버(Ethernet, Serial) 제공

Omron, Mitsubishi, GE, SIEMENS, AB, LS, RSA, Cimon, Fanuc, Toshiba, OPC, Modbus...

현장의 알람 및 원격 제어 정보 등을 SMS 서비스로 제공

공정 레시피를 엑셀이나 데이터베이스의 csv 파일로 통신

3) IOT 프로토콜 제공

① 웹리퀘스트 WebRequest: 기상청 데이터와 같은 공공 데이터와 Web 데이터 통신

(XML, RSS, JSON, Custom Data)

② MQTT: 메시지 큐잉 텔레메트리 트랜스포트, Message Queuing Telemetry Transport로 대역폭이 제한된 통신 환경에 최적화하여 개발된 푸시 기술(push technology) 기반의 경량 메시지 전송 프로토콜. MCU(Arduino, Raspberry Pi) 데이터 통신

③ Cloud Service를 사용하여 데이터 통신

AI 음성인식을 이용한 제어

④ User Define Protocol: 사용자가 필요로 하는 프로토콜 제작

⑤ Execute: Visual studio에서 console 프로그램 제작하여 태그 통신 가능

통신 방식 *.exe/com/bat/cmd)

현장 전용 알고리즘을 라이브러리로 제작하여 모듈화 가능

4) 알람/스크린 캡처

알람은 현장의 안전사고와 문제 발생 시 이력을 기록하고 분석하는 스마트공장에서 가장 중요시되는 기능 중 하나이다. 그렇기에 현장 알람 발생 시 지정된 담당자에게 SMS, E-mail로 신속히 알람 내역 발송을 발송할 수 있어야 하며, 알람 이력 조회가 가능하고, 담당자가 현장에 있지 않더라도 알람 내용을 확인하여, 대응 매뉴얼대로 빠른 조치가 가능하도록 기존 알람과 방식 차별화하는 X-SCADA만의 영상 서비스와 화면 캡처 기술을 제공하고 있다.

알람의 특징은,

① 화면 캡처: 사용자가 설정한 화면을 다양한 형태의 이미지 파일로 저장할 수 있으며, 주기적으로 저장도 가능하기에 경향 감시에 대한 이력을 시각화할 수 있다.

② 영상 출력: 조건 만족 시 팝업창을 이용해 동영상을 재생할 수 있다. 예를 들어 외국 노동자가 많은 현장의 경우 알람 발생 시 알람의 원인 및 해결방법을 동영상으로 재생한다.

③ 데이터베이스 제공: 모든 이력은 자체 DB로 저장이 되지만, 환경 설정에 따라 MS-SQL 같은 DBMS에 저장이 가능하다.

5) 시나리오 제어

시나리오는 PLC 제어 프로그램의 STEP 제어와 비슷한 기능이다. 현장 시나리오를 작성하여 생산 공정 프로그래밍을 하는 절차로 흔히 반도체 공정에서 PC 기반 프로그램을 작성하기 위해 사용하거나 연구소에서 프로그램 작성 시 지칭하는 용어이다. 통신 제어 기술이 발달함에 따라 기존 SCADA에서 감시만 했던 영역을 X-SCADA에서는 스크립트 없이 UI로 프로그래밍

하여 제어 및 시뮬레이션을 할 수 있게 하는 스마트팩토리의 CPS(Cyber-Physical System)를 구현할 수 있는 핵심 기능이다.

시나리오 특징은,

① 시나리오를 마우스 클릭을 통한 손쉬운 방법으로 체계적으로 관리

② 시나리오를 실시간으로 변경

③ 다양한 상태 제공: 시나리오 전체 예측 시간, 진행 시간, 진행 스텝

④ JavaScript를 활용할 수 있도록 함수를 제공

⑤ MES의 공정 관리를 구현하도록 현장을 CPS 가상화하여 모니터링

⑥ 현장 장비를 구축하지 않아도 시뮬레이션

⑦ 온도 및 현장 데이터의 예상 시나리오 데이터와 실제 데이터의 비교 분석

6) 데이터 내보내기(Data Export)

기존 현장에서는 사용자가 원하는 데이터를 별도의 엑셀 파일로 저장하길 요구한다. X-SCADA에서는 UI를 통해 시간별, 날짜별, 연도별로 엑셀 파일을 자동 생성하게 하여 조건별, 실시간별 또는 파일 크기 등의 설정에 따라 데이터를 관리할 수 있다.

7) 데이터베이스 연동 / 차트와 리포트(Chart & Report)

스마트팩토리의 핵심은 데이터이며, 이 데이터를 관리하는 부서를 현장에서는 전산팀이라 한다. 전산팀에서는 MES를 구축하여 SQL 언어로 데이터를 관리하는데, 현장 DBMS로는 MS-SQL, SQLite, Oracle, MySQL... 등이 있다. 기존 스카다는 DBMS의 속도를 중요시하지 않았기에 MS-윈도우에서 제공하는 ODBC 데이터 원본 기능을 이용해야 했다. 그리고 ODBC를 사용하기 위해서는 DBMS의 ODBC 드라이버를 윈도우에 설치해 주어야 하는 불편함뿐 아니라 대량의 데이터 검색 시 연산 처리가 느린 점이 있었다. 그런 문제를 해소하기 위해 X-SCADA에서는 각 DBMS와 직접 연결하여 데이터 처리가 가능하도록 OLEDB(Object Linking and Embedding) API를 이용

한 전용 드라이버를 제공한다.

스마트팩토리는 융합 엔지니어를 원한다. 기존 PLC/HMI 엔지니어가 데이터베이스를 사용해야 하므로 중간에 많은 절차가 발생한다면 쉽게 지치게 되며 개발 시간이 길어질 수밖에 없다.

X-SCADA에서 제공되는 Sqlite DBMS를 이용하여, 로컬단과 서버 간의 데이터베이스 이중화가 가능하다. 그렇기에 서버가 문제 발생하더라도 로컬단에서 대응할 수 있어 데이터 수집의 손실을 보완할 수 있다.

기존 SCADA는 엑셀을 이용한 보고서 출력으로 현장 상황을 보고하였다. 하지만 스마트팩토리로 들어오며, 페이퍼 보관을 하기보다는 database로 대체하여 현장에서 요구하는 다양한 시각화로 리스트 및 차트로 표현하고 보고하는 체제로 변화되고 있다. X-SCADA에서는 2D부터 3D까지 다양한 시각화를 제공한다.

8) 벡터 이미지(Vector Image, SVG)

CPS(Cyber-Physical System)와 같은 현장과 같은 가상 화면을 구성 제작하기 위해서는 이미지 라이브러리가 많이 필요로 하다. 기존에는 현장 모니터나 해상도에 맞도록 개발해야 하는 어려움이나 현장에서 필요로 하는 라이브러리 제작하고 찾는 것이 쉬운 일이 아니다. 그렇기에 현장에서는 전문 디자이너를 채용하여 작업했었지만, X-SCADA에서는 이러한 문제를 해결할 수 있다.

9) 제스처(Gesture)

현대 사회가 4차 산업으로 변화된 시점은 손안에 스마트폰이 들어오고부터 급속도로 확대되면서 산업용 TOUCH PC도 변화되고 있다. 이제는 Tablet PC를 산업 현장에서 볼 수 있게 되다 보니 단순히 마우스 이벤트와 같은 조작에서 제스처와 같이 손가락의 움직임에 따라 이벤트를 통하여 사용자가 모니터링 화면을 직관적으로 조작 가능한 시스템을 요청하고 있다. 요즘 무인자동화가 이루어지고 있기에 사용하는 곳의 용도에 따라 다양한 활용도가 높은 기술이다.

(3) X-SCADA 용어 정리

- Project: X-SCADA에서 전용으로 사용하는 파일 형식을 뜻한다.
  SCADA 실행에 필요한 정보들을 가지고 있고 확장자로는 xix를 사용
- 실행(프로젝트 실행): 프로젝트 안의 정보를 읽어서 SCADA를 구축 및 운용하는 것
- 실행 창: 프로젝트를 실행하여 페이지를 화면에 보여 주는 윈도우 창
- Designer: 프로젝트를 편집하는 프로그램
- Viewer: 프로젝트를 읽어서 실행하는 프로그램
- Page: 실행 창에 보여 주는 하나의 화면 단위
- Object: 페이지를 구성하는 개별 요소를 뜻한다. 주로 화면을 디자인할 때 사용
- Tag: SCADA에서 사용하는 데이터 값을 가지는 요소로 Analog, Digital, String Tag 등
- Device: SCADA에서 사용하는 데이터 값을 제공하는 요소
- User: SCADA 화면을 통하여 시스템을 감시하고 제어하는 사람
- Event: 요소(페이지, 태그, 장치 등)들이 자신의 상태, 값 등이 변경되었음을 외부에 알려주는 것을 뜻한다. 스크립트를 사용하여 스크립트가 발생했음을 알거나 스크립트 반응
- Binding: 요소들 사이(객체와 태그 사이, 사용자와 태그 사이, 사용자와 객체 사이 등)의 연관성을 뜻한다. 효과, 동작, 애니메이션 등
- Effect: 태그 값이 변함에 따라 객체 위치, 크기, 모양 등이 변하는 것
- Action: 사용자가 객체를 변화시키는 행위, 태그 값을 변화시키는 행위, 페이지를 여는 행위 등 SCADA에서 행하는 일체의 행동
- Animation: 특정 시점을 기준으로 시간의 흐름에 따라서 객체들이 변하는 것

- Database: 여러 사람에 의해 공유되어 사용될 목적으로 통합하여 관리되는 데이터의 집합
- SQL(Structured Query Language): 데이터베이스에서 자료 조회, 생성, 수정 등 자료 처리
- Alarm: 실행 중에 태그 값이 주어진 조건을 만족함을 사용자에게 알려주는 기능
- Report: 실행 중에 주어진 주기에 따라 보고용 프로젝트를 자동으로 만드는 것
- DataExport: 태그 값을 CSV 형식의 파일에 저장하는 것
- Screen Capture: 실행 중에 페이지 화면을 캡처 이미지로 저장하는 것
- Web Service: 웹으로 접근하여 SCADA 실행 화면을 통하여 시스템을 감시하고 제어
- SMTP: 전자 메일을 발신하는 서버
- SSL(Secure Sockets Layer): 인터넷에서 데이터를 안전하게 전송하기 위한 통신 규약 프로토콜

2. X-SCADA 사용 방법

(1) 화면 설명

1) 실행

1. 바탕화면에서 X-SCADA Designer를 실행한다. 

2) 전체 화면

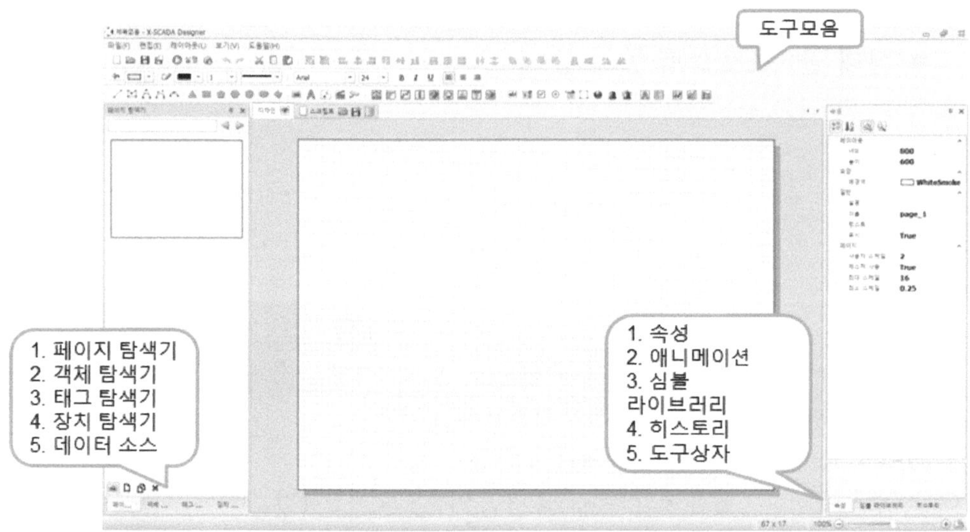

[그림 Ⅲ-37] X-SCADA 화면 설명

- 메뉴: 파일, 편집, 레이아웃, 보기, 도움말로 구성되어 있다.
- 도구 모음: 메뉴의 기능들을 빠르게 접근하기 위해서 사용한다.
- 디자인: 페이지를 디자인하기 위해서 사용한다.
- 스크립트: 페이지에서 사용하는 스크립트를 작성하기 위해서 사용한다.
- 페이지 탐색기: 페이지를 관리(생성, 삭제 등)하기 위해서 사용한다.
- 객체 탐색기: 객체를 관리(숨김, 잠금, 순서변경 등)하기 위해서 사용한다.
- 태그 탐색기: 태그를 관리(추가, 삭제, 복사 등)하기 위해서 사용한다.

- 장치 탐색기: 장치를 관리(추가, 삭제, 통신 설정, 프로토콜 설정 등)하기 위해서 사용한다.
- 속성: 객체, 태그 등의 속성 및 스크립트를 설정하기 위해서 사용한다.
- 심볼 라이브러리: C:\Xisom\X-SCADA\Symbols에 있는 이미지를 검색하거나 사용자 폴더의 이미지를 보여 준다. 페이지에 이미지를 드래그하여 추가할 수 있다.
- 히스토리: 페이지에서 작업한 내용을 순차적으로 확인하기 위해서 사용한다.
- 상태 줄: 프로그램 동작 중에 나타나는 메시지를 보여 준다.

3) 단축키

단축키	설명
Ctrl + N	새로운 빈 Project 만들기
Ctrl + O	파일에 저장되어 있는 Project 열기
Ctrl + S	편집 중인 Project 저장하기
Ctrl + Alt + S	편집 중인 Project를 다른 이름으로 저장하기
Ctrl + F5	편집 중인 Project의 Viewer 실행 환경을 설정하기
F5	편집 중인 Project를 사용하여 Viewer를 실행하여 SCADA을 구축하기
Ctrl + P	편집 중인 Project를 인쇄하기
Alt + F4	프로그램을 종료하기
Ctrl + Z	마지막 편집을 취소하기
Ctrl + Y	취소한 편집을 다시 실행하기
Ctrl + X	선택한 것들을 잘라내기
Ctrl + C	선택한 것들을 복사하기
Ctrl + V	선택한 것들을 붙여넣기
Delete	선택한 것들을 삭제하기
Ctrl + A	전체를 선택하기
Ctrl + G	선택한 객체들을 그룹으로 묶기
Ctrl + U	선택한 그룹을 해제하기

(2) 디지털 태그 기본 작화

1) 새 프로젝트

1. 메뉴에서 파일 → 새 프로젝트를 선택한다.
2. 편집한 프로젝트는 저장하지 않는다. No

2) 배경 추가

1. 화면 오른쪽의 심볼 라이브러리를 선택한다.
2. 01.Background 폴더를 선택한다. (C:\Xisom\X-SCADA\Symbols)
3. 004.Screen 폴더를 선택한다.
4. 7051.png 파일을 디자인 화면에 끌어다 놓는다.

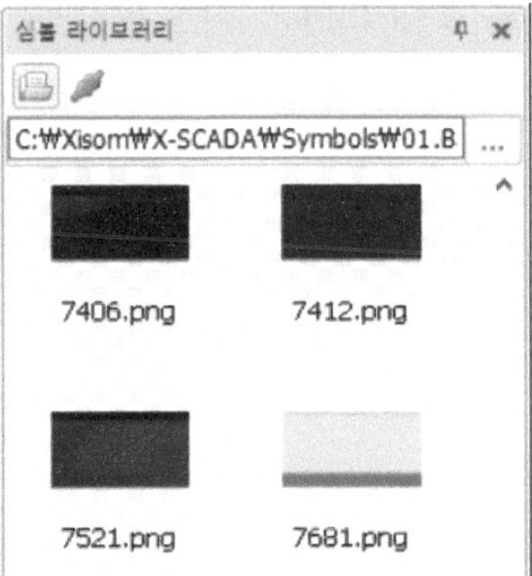

[그림 Ⅲ-38] 심볼 라이브러리

3) 객체 크기 조정

1. 객체를 선택한다.
2. 객체의 모서리에 마우스를 가져가면 커서가 손 모양으로 변경된다.
3. 객체의 크기를 조정(축소)한다.
4. 디자인 화면에 가득 채운다.
5. 객체를 선택하고 마우스 오른쪽 버튼을 눌러 객체 잠금을 선택한다.

객체 잠금 해제

- 보기-객체 탐색기를 실행하고 잠금을 해제할 객체를 마우스 오른쪽 버튼으로 선택한다.
- 객체 잠금 해제를 실행한다.

4) 그룹 태그 생성

1. 태그 탐색기를 선택한다.
2. 태그 탐색기 작업창에서 마우스 오른쪽 버튼을 눌러 그룹 태그 추가를 선택한다.
3. X-SCADA 아래 생성된 group_1을 선택한다.
4. 화면 오른쪽 속성을 선택한다.
5. 이름을 화면 작화하기1로 바꾼다.

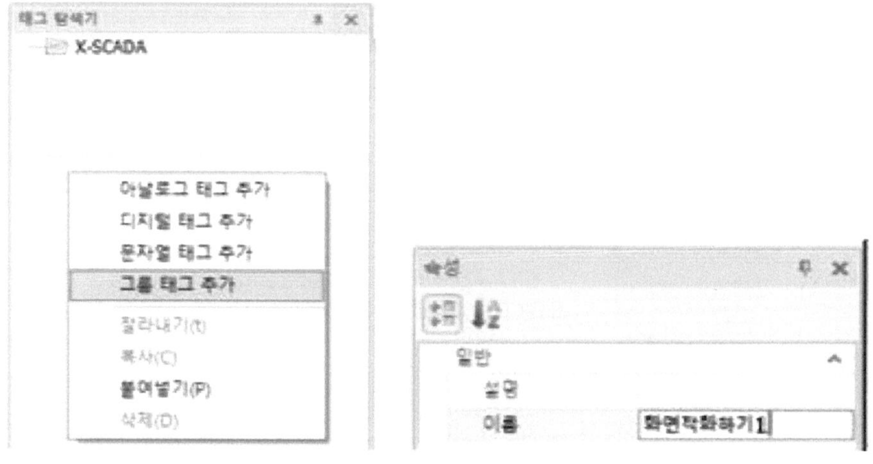

[그림 Ⅲ-39] 그룹 태그 생성

태그(Tag)

- 이기종 간 장치의 다른 어드레스 값을 태그라는 하나의 공통된 단위로 변환한다.
- X-SCADA에서 사용하는 데이터 값을 가지는 요소를 뜻한다.
- 태그 단위를 통해 각 페이지 및 객체의 동작 및 효과에 적용된다.
- 타입에는 Analog Tag, Digital, Tag, String Tag 등이 있다.
- 태그의 로그값을 msec로 수집할 수 있다.
- 장치와 통신하는 태그(실태그)와 가상 태그를 설정할 수 있다.

5) 타입별 태그 생성

1. 태그 탐색기의 화면 작화하기1을 선택한다.
2. 태그 탐색기 작업창에서 마우스 오른쪽 버튼을 눌러 디지털 태그 추가를 선택한다.

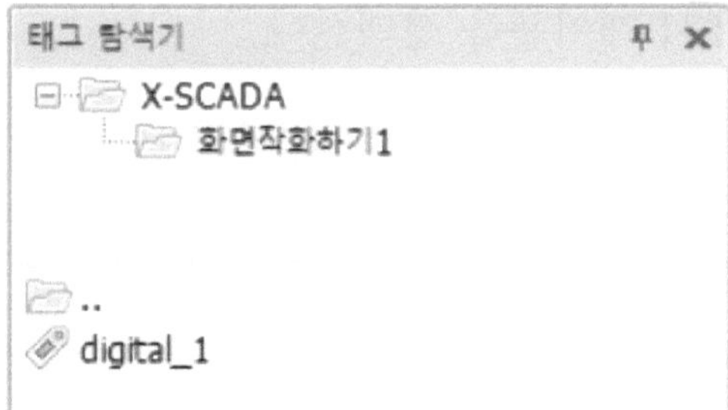

[그림 Ⅲ-40] 타입별 태그 생성

6) 디지털 텍스트 구성

1. 도구 모음에서 텍스트 아이콘을 선택한다.
2. 디자인 화면에서 드래그로 텍스트를 추가한다.
3. 객체 크기를 조정한다.
4. 속성에서 텍스트 → Text → 디지털로 변경한다.
5. 키보드 Enter

6. 그리기의 면 색상을 빨간색으로 변경한다.
7. 폰트를 알맞게 변경한다.

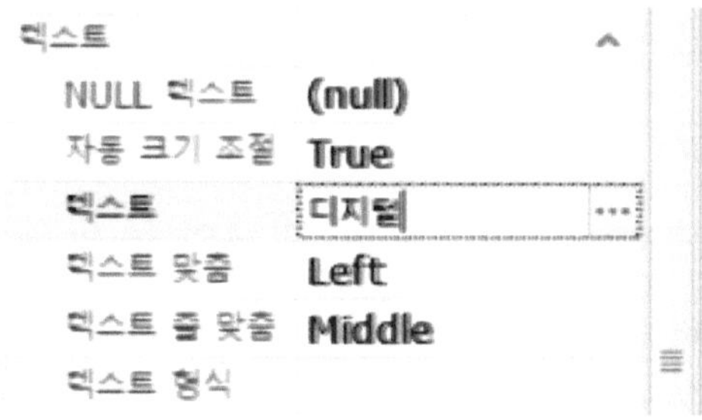

[그림 Ⅲ-41] 텍스트 변경

7) 디지털 레이블 구성

1. 도구 모음에서 레이블 아이콘을 선택한다.
2. 디자인 화면에서 텍스트 옆에 드래그로 레이블을 추가한다.
3. 객체 크기를 조정한다.

8) 디지털 태그 바인딩

1. 디자인 화면에서 레이블을 선택한다.
2. 화면 오른쪽 속성에서 태그 영역의 선택 버튼 ⋯ 을 누른다.
3. 태그 선택창에서 화면 작화하기1을 선택한다.
4. digital_1을 선택한다.
5. 확인한다.

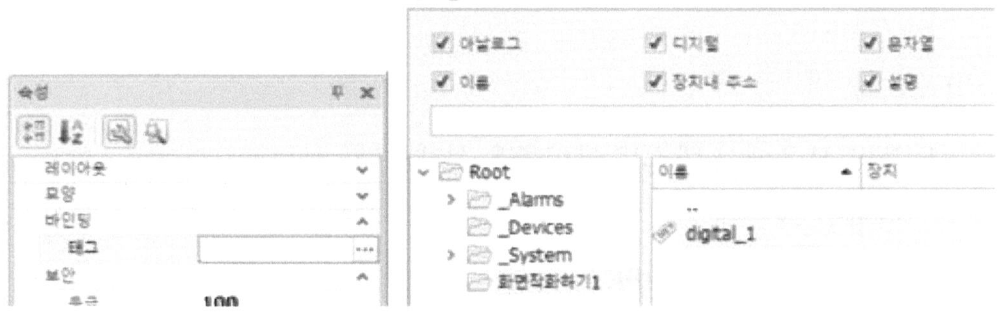

[그림 Ⅲ-42] 디지털 태그 바인딩

9) 동작 텍스트 구성

1. 도구 모음에서 텍스트 아이콘을 선택한다.
2. 디자인 화면에서 드래그로 텍스트를 추가한다.
3. 객체 크기를 조정한다.
4. 속성에서 텍스트 → Text → Normal로 변경하고 키보드 Enter 한다.
5. 속성에서 텍스트 → Left→ Center로 변경하고 키보드 Enter 한다.

위의 방법으로 아래의 화면에 있는 Toggle과 Input 텍스트를 추가로 구성한다.

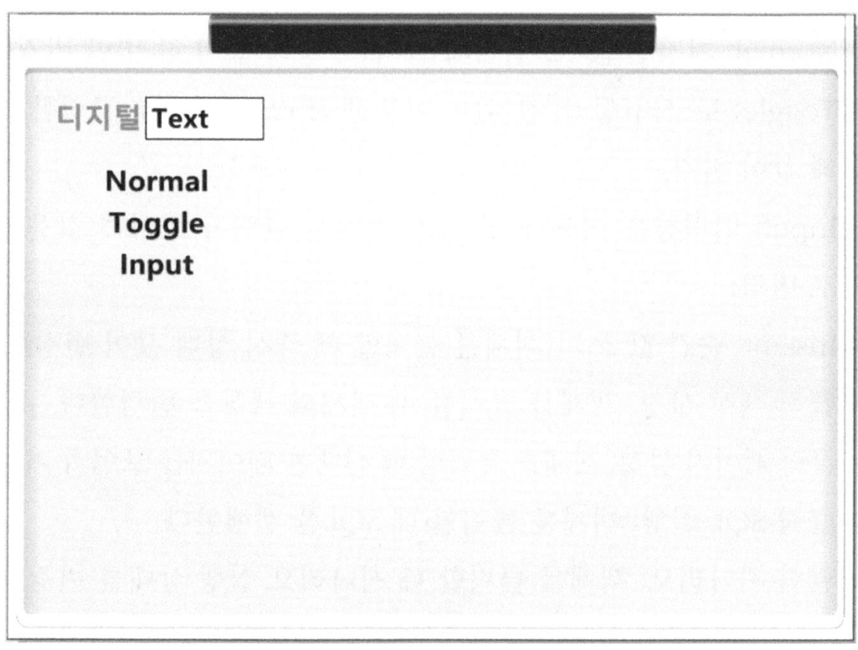

[그림 Ⅲ-43] 동작 텍스트 구성

10) 디지털 Normal 동작 설정

- 동작은 객체를 움직이거나 클릭하는 등 움직이도록 하는 기능이다.
- 객체의 태그 값을 변경하기 위해 클릭, 수평/수직 이동한다.
- 객체를 클릭하여 색상을 바꾸거나 페이지 열기/닫기/전환을 제어할 수 있다.
- SQL 문과 시나리오를 실행할 수 있다.
- 수평 슬라이드: 객체를 수평(좌, 우)으로 이동한다.
- 수직 슬라이드: 객체를 수직(위아래)으로 이동한다.
- 클릭-태그 값 설정: 객체를 클릭할 때 태그 값을 변경한다.
  - Normal: 지정된 값 쓰기(객체 클릭 시 상태 값이 한 번만 변경)
  - Toggle: 토글키(동작/정지)를 이용한 값 쓰기(객체를 클릭할 때마다 상태 값이 변경)
  - Input: 입력창을 이용한 값 쓰기(객체를 클릭하여 상태 값을 ON/OFF로 변경)
  - Instant: 순간 값 쓰기(객체를 클릭할 때 즉시 상태 값이 변경)
- 클릭-색상 설정: 객체를 클릭할 때 객체의 색상을 변경한다.
- 클릭-페이지 설정: 객체를 클릭할 때 선택한 페이지를 보여 주거나 닫는다.
- 클릭-SQL 실행: 객체를 클릭할 때 SQL을 실행한다.
- 클릭-시나리오: 객체를 클릭할 때 시나리오 실행 상태를 변경한다.

① 동작 텍스트에서 디지털 아래의 Normal을 선택한다.

② 동작에서 클릭 – 태그 값 설정을 체크한다.

③ 태그에서 방식: Normal을 선택한다.

④ 태그: 선택 버튼 ··· 을 누른다.

⑤ 태그 선택창에서 화면 작화하기1을 선택한다.

⑥ digital_1을 선택한다.

⑦ 확인한다.

[그림 III-44] 클릭-Normal 태그 값 설정

11) 디지털 Toggle 동작 설정

① 동작 텍스트에서 디지털 아래의 Toggle을 선택한다.

② 동작에서 클릭-태그 값 설정을 체크한다.

③ 태그에서 방식: Toggle을 선택한다.

④ 태그: 선택 버튼 ··· 을 누른다.

⑤ 태그 선택창에서 화면 작화하기1을 선택한다.

⑥ digital_1을 선택한다.

⑦ 확인한다.

[그림 Ⅲ-45] 클릭-Toggle 태그 값 설정

12) 디지털 Input 동작 설정하기

① 동작 텍스트에서 디지털 아래의 Input을 선택한다.

② 동작에서 클릭-태그 값 설정을 체크한다.

③ 태그에서 방식: Input을 선택한다.

④ 태그: 선택 버튼을 누른다.

⑤ 태그 선택창에서 화면 작화하기1을 선택한다.

⑥ digital_1을 선택한다.

⑦ 확인한다.

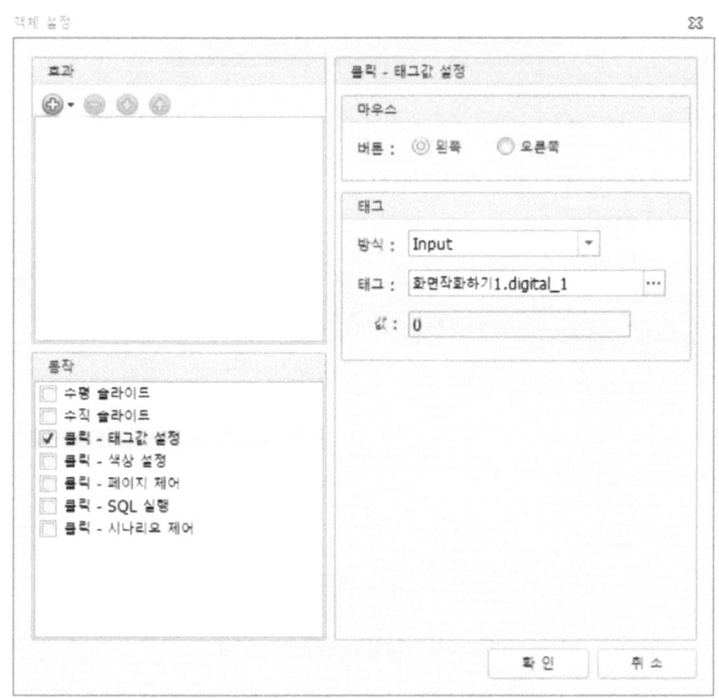

[그림 III-46] 클릭-Input 태그 값 설정

13) 심볼 라이브러리 구성하기

① 화면 오른쪽 심볼 라이브러리를 선택한다.

② svglink.com 아이콘을 선택한다.

③ 라이브러리에서 xisom_lamp(6)와 xisom_button13(14)을 선택하여 끌어다 디자인 화면에 놓는다.

④ 객체 크기를 조정한다.

⑤ 정렬할 객체를 마우스로 모두 선택한다.

⑥ 마우스 오른쪽 버튼을 눌러 정렬 → 가운데 정렬을 선택한다.

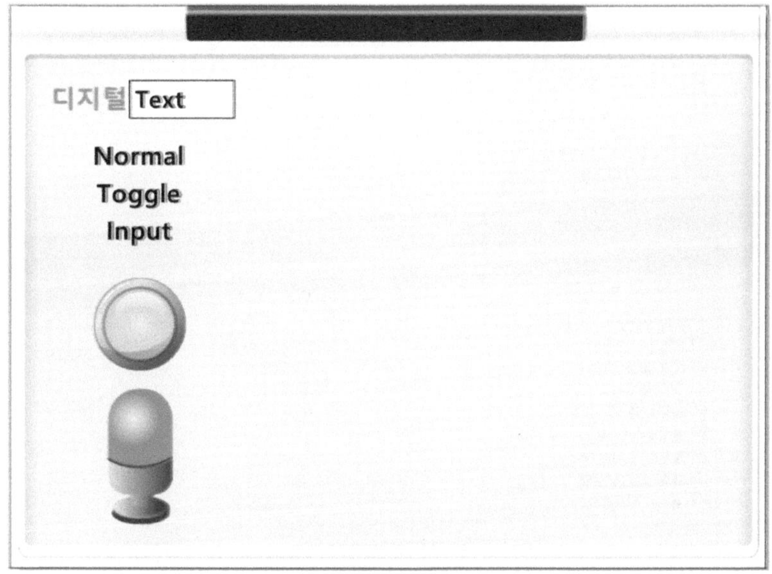

[그림 Ⅲ-47] 심볼 라이브러리 구성

14) 버튼에 출몰 효과 주기

① 객체 xisom_button13(14)을 더블클릭한다.

② 객체 설정창에서 효과의 추가 ⊕▾ 버튼을 선택한다.

③ 출몰 효과를 선택한다.

④ 동작 방식은 출몰을 선택한다.

⑤ 태그: 선택 버튼 ⋯ 을 누른다.

⑥ 태그 선택창에서 화면 작화하기1을 선택한다.

⑦ digital_1을 선택한다.

⑧ 확인한다.

⑨ 비교 조건: == (동등)

⑩ 값: true (상태 값이 동작될 때 나타난다)

⑪ 확인한다.

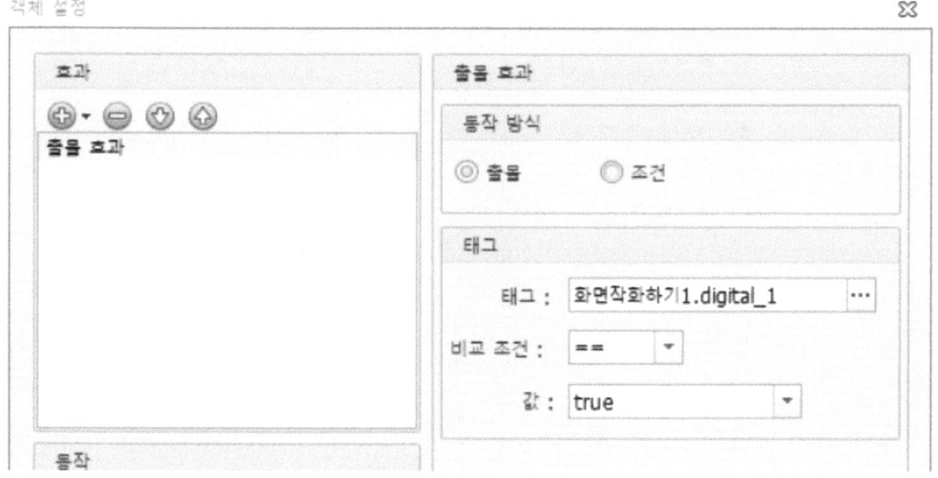

[그림 III-48] 버튼 출몰 효과

15) 램프에 점멸 효과 주기

① 객체 xisom_lamp(6)을 더블클릭한다.

② 객체 설정창에서 효과의 추가 버튼을 선택한다.

③ 점멸 효과를 선택한다.

④ 동작 방식은 출몰을 선택한다.

⑤ 태그: 선택 버튼 ⋯ 을 누른다.

⑥ 태그 선택창에서 화면 작화하기1을 선택한다.

⑦ digital_1을 선택한다.

⑧ 확인한다.

⑨ 비교 조건: == (동등)

⑩ 값: true

⑪ 실행 속도: 1 초

⑫ 확인한다.

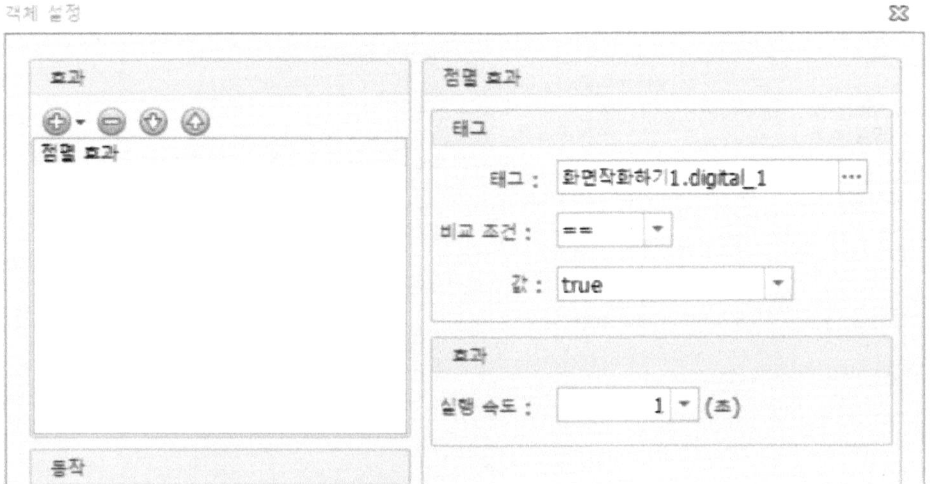

[그림 Ⅲ-49] 버튼 점멸 효과

16) 저장

① 도구 모음에서 저장 아이콘을 선택한다.

② 파일 이름을 디지털 출몰.xix로 저장한다.

17) 실행

① 도구 모음에서 실행 아이콘을 선택한다.

② 초기 레이블은 OFF 상태이다.

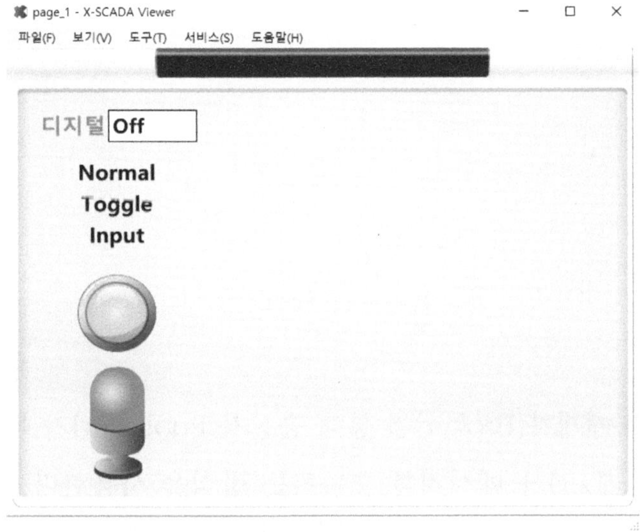

[그림 III-50] 디지털 태그 기본 작화

③ Normal 텍스트를 선택하면 버튼은 사라지고 램프가 점멸한다.

④ Normal 동작을 OFF 시키기 위해서 Input 텍스트를 선택하고 OFF 버튼을 누른다.

⑤ Toggle 텍스트는 선택할 때마다 출몰과 점멸이 반복된다.

⑥ 동작을 확인했으면 X-SCADA Viewer를 종료한다.

3. MQTT 소개

MQTT는 Message Queueing Telemetry Transport의 약자로 메시징 프로토콜로 해석할 수 있다. 모바일 기기나 낮은 대역폭의 소형 디바이스들에 최적화된 메시징 프로토콜로, 전송 속도가 느리고 품질이 낮은 네트워크에서도 메시지를 안정적으로 전송할 수 있도록 설계되었다. 소형 기기의 제어와 센서 정보 수집에 유리하다. 이런 특징들로 인해 IoT 영역에서 주목받고 있다.

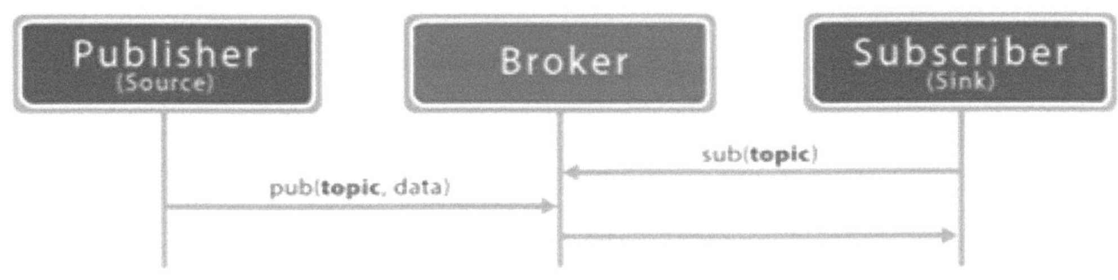

[그림 Ⅲ-51] MQTT 구조

MQTT는 메시지 매개자(Broker)를 통해 송신자(Publisher)가 특정 메시지를 발행하고 수신자(Subscriber)가 메시지를 구독하는 방식을 사용한다. 즉 매개자를 통해 메시지가 송·수신된다. 또한, 다수의 클라이언트가 하나의 토픽을 구독할 수도 있다.

(1) MQTT 메시지 송·수신하기

① 앱스토어에서 MQTT Dash를 설치한다. (집필 일자 기준으로 안드로이드 유저만 사용이 가능하다.)

② MQTT Dash를 실행하여 우측 상단의 + 아이콘을 선택한다

③ Name과 Address를 입력하고 저장한다. (저장을 하면 Name에 입력한 대로 브로커가 생성된다.)

④ 브로커(My Office)를 눌러 접속하고, + 버튼을 눌러 메시지 타입을 선택한다.

⑤ Name과 Topic를 입력한다.

* 토픽은 수신자가 구독하는 토픽이자 송신자가 보내는 토픽과 같은 것이다.

⑥ 우측의 그림과 같이 토픽에 대한 입·출력창이 생성된 것을 볼 수 있다.

⑦ 입·출력창을 눌러 30을 누른다.

⑧ 앞에서 입력한 문자인 30이 입력된 것을 볼 수 있다.

(2) SCADA에 MQTT 연결하기

1) 새 프로젝트

① 메뉴에서 파일 → 새 프로젝트를 선택한다.

2) 장치 추가하기

① 리본 메뉴에서 보기를 눌러 장치 탐색기를 선택한다.

② 장치 탐색기창에서 우클릭 후 장치 추가를 한다.

③ 속성 → 이름: MQTT로 바꾸고 엔터한다.

④ 장치 탐색기창에서 우클릭 후 네트워크 연결 추가를 한다.

⑤ 속성 → 통신 프로토콜 → MQTT Subscriber를 선택한다.

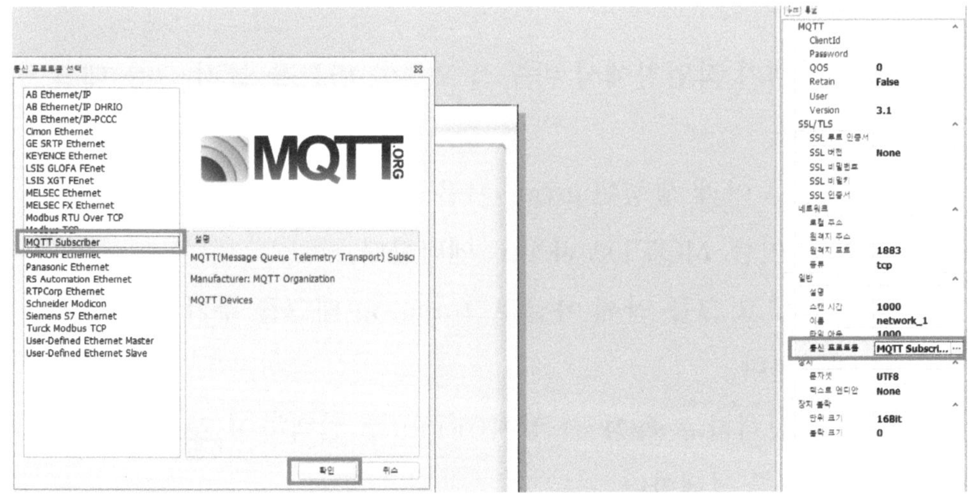

[그림 III-52] MQTT 통신 프로토콜 선택

⑥ 로컬 주소는 현재 인터넷의 IP 주소를 입력하고, 원격지 주소는 MQTT Dash에서 설정한 주소를 입력한다.

* 로컬 주소는 현재 인터넷의 IP 주소는 PC 설정 → 네트워크 및 인터넷 → 하드웨어 및 연결 속성 보기 → IPv4 주소에 기재된 IP를 입력하면 된다. (원격지 주소는 broker.mqtt-dashboard.com이다.)

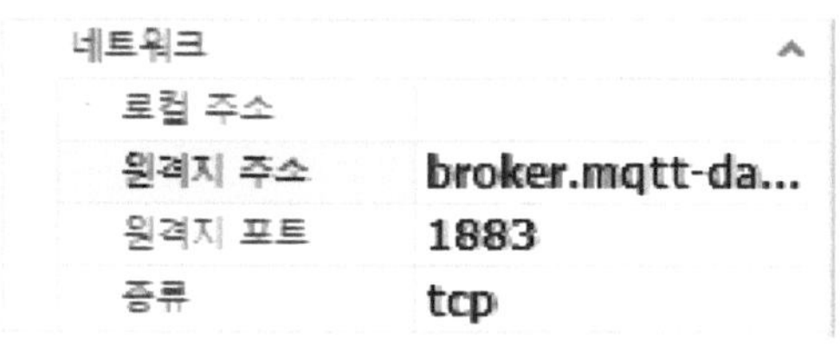

[그림 III-53] 원격지 주소 설정

3) 배경 추가하기

① 화면 오른쪽의 심볼 라이브러리를 선택한다.

② 01.Background 폴더를 선택한다. (C:\Xisom\X-SCADA\Symbols)

③ 004.Screen 폴더를 선택한다.

④ 7051.png 파일을 디자인 화면에 끌어다 놓는다.

4) 태그 추가하기

① 태그 탐색기 작업창에서 마우스 오른쪽 버튼을 눌러 그룹 태그 추가를 선택한다.

② X-SCADA 아래 생성된 group_1을 선택한다.

③ 속성 → 이름: MQTT로 바꾸고 엔터한다.

④ MQTT 태그 그룹 안에 아날로그 analog 태그를 추가하고 이름을 온도로 변경한다.

⑤ 태그를 선택하고 속성 → 장치(none)를 선택하여 앞에서 만든 MQTT 네트워크를 선택한다.

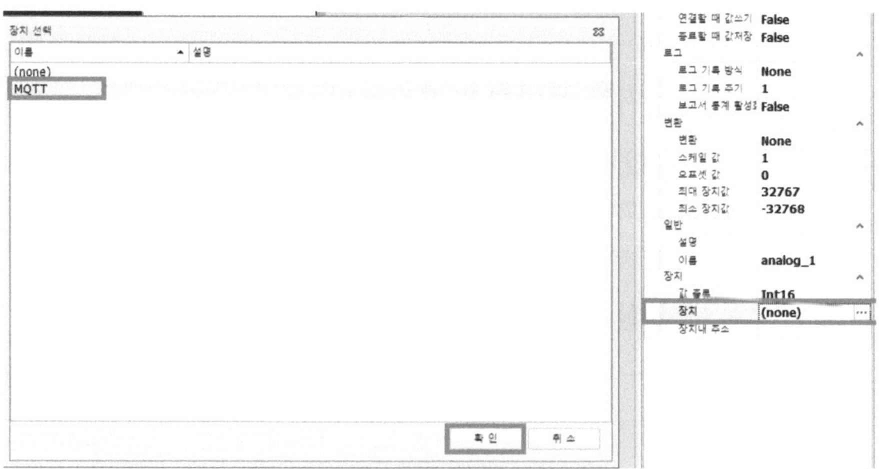

[그림 Ⅲ-54] MQTT 장치 설정

⑥ 장치 내 주소는 MQTT Dash 실습 때 사용한 온도를 입력한다.

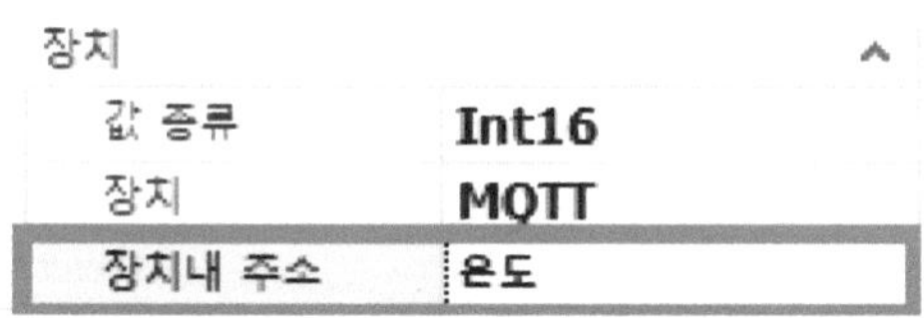

[그림 Ⅲ-55] 장치 내 주소 설정

5) 객체 구성하기

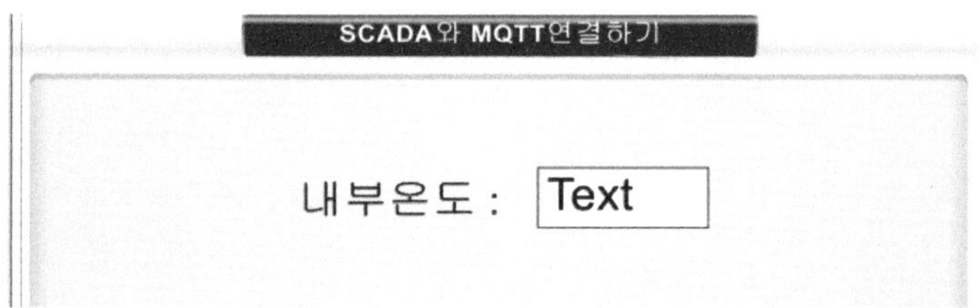

[그림 Ⅲ-56] MQTT 모니터링 화면 작화

6) 레이블 설정하기

① 레이블을 디자인 화면에 끌어와서 속성→바인딩→태그→온도를 선택한다.

7) 저장

① 도구 모음에서 저장 아이콘을 선택한다.

② 파일 이름을 MQTT.xix로 저장한다.

8) 실행

① 도구 모음에서 실행 ▶ 실행 아이콘을 선택한다.

② MQTT Dash → My Office → 내부를 선택하여 임의의 숫자를 입력한다.

③ MQTT Dash에서 입력한 임의의 값이 SCADA에서 레이블의 값에 반영되는 것을 확인한다.

실습 과제 아날로그 태그 작화

1. 과제 목표

아날로그와 문자열 태그와 레이블 기능을 익힌다.

객체를 출몰 및 점멸시킬 수 있다.

2. 작화 화면

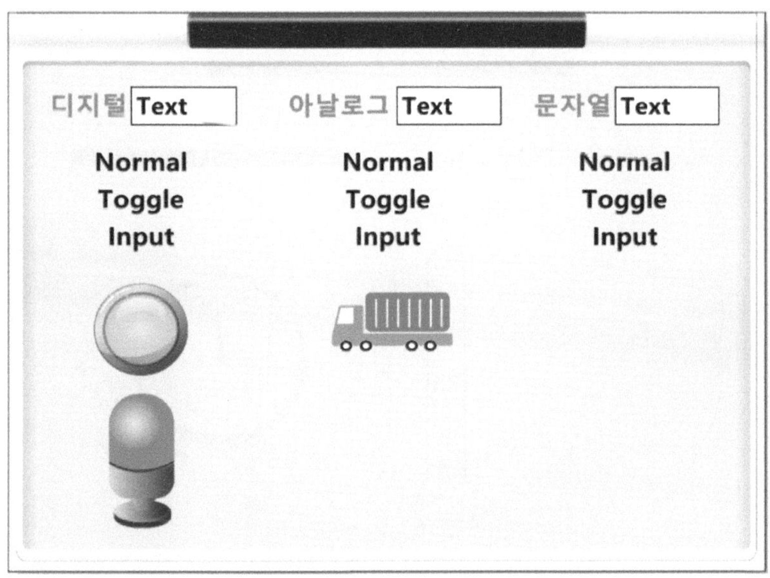

실습 과제 온도 변화 모니터링 작화

1. 과제 목표

가우지 Gauge 설정 기능을 익힌다.

온도에 따라 색상을 변화시키고 값을 모니터링할 수 있다.

2. 작화 화면

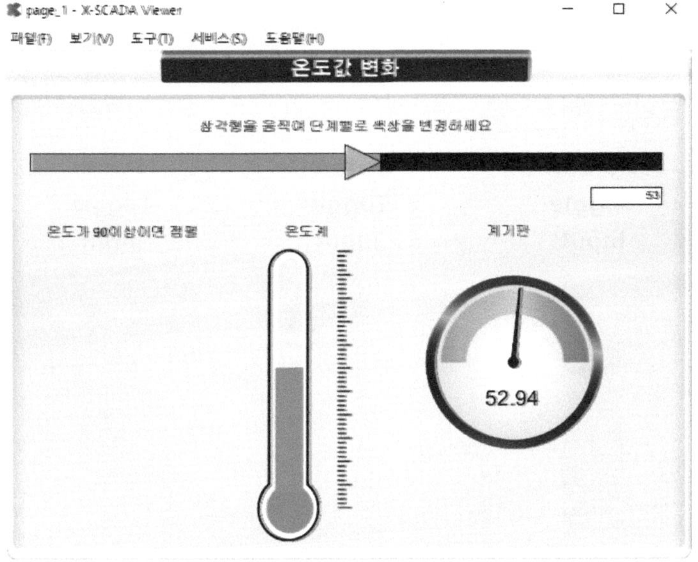

실습 과제　알람 경보 화면 작화

1. 과제 목표

아날로그와 문자열 태그와 레이블 기능을 익힌다.

객체를 출몰 및 점멸시킬 수 있다.

2. 작화 화면

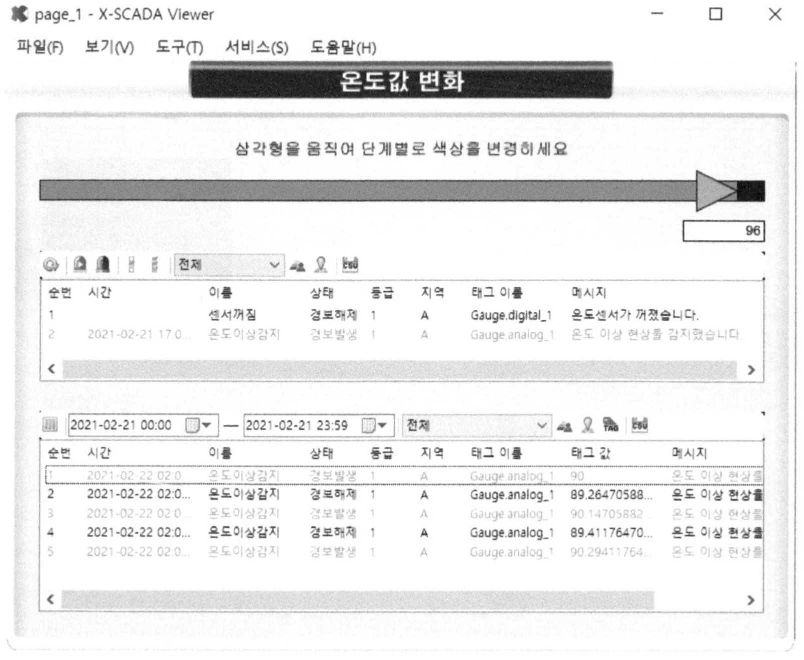

1. 과제 목표

트렌드 Trend 설정 기능을 익힌다.

2개의 데이터 값이 시간을 기준으로 변화되는 상태를 그래프로 표현할 수 있다.

2. 작화 화면

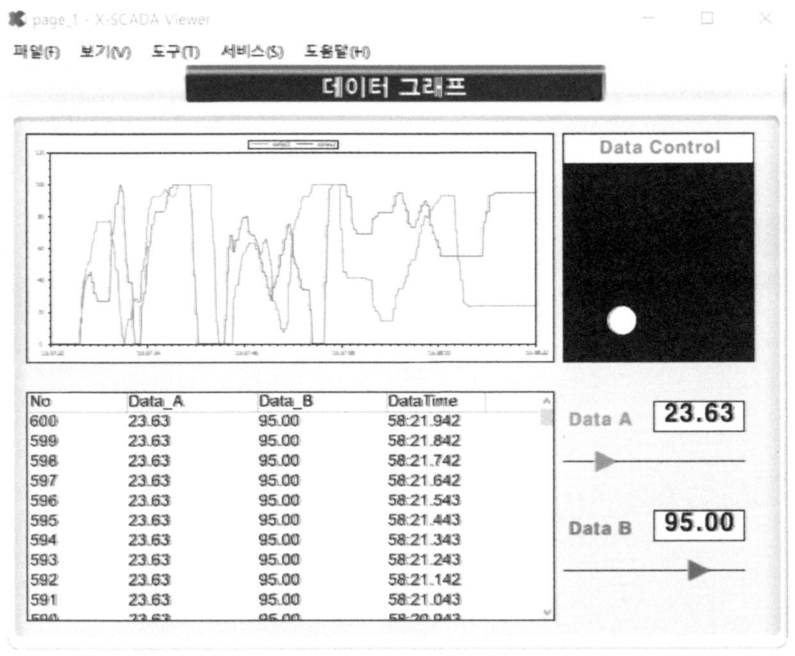

참고 문헌

A. V. Ramya, 「Distributed pattern matching and document analysis in big data using Hadoop MapReduce model」, International Conference on Parallel Distributed and Grid Computing(PDGC), 2014

강만모 외 2명, 「빅데이터 분석과 활용」, 정보과학회지, 2012

강윤희, 「빅데이터 처리를 위한 과학크라우드」, 한국콘텐츠학회지, 2013

고영준 외 1명, 「RHipe를 활용한 빅데이터 처리 및 분석」, 한국데이터정보과학회지, 2013

스마트제조 기술 및 표준, 2018, ETRI 표준연구본부

스마트팩토리 기반 MES/CPS 활용, 한정란 외 공저, 2018, ㈜서울교과서

KATS 기술보고서(제78호-스마트공장 기술 및 표준화 동향), 국가기술표준원, 2015

현장중심형 스마트팩토리, 이호성, 2017, kmac

스마트공장 보급확산을 위한 업종별 참조모델, 2014, 산업통상자원부

스마트공장용어집, 2015, 스마트공장추진단

4차산업혁명과 제조업의 귀환, 깅은 외 공저, 2017, 클라우드나인

4차산업혁명 이미 와 있는 미래, 롤랜드버거, 2017, 다산북스

인간-로봇 협업 기술에 대한 연구동향, 박동일, 경진호, 정광조, 한국기계연구원

스마트제조 정책을 위한 가이드, 2017.1.12., 한국산업기술진흥원

글로벌시대의 초일류기업을 위한 생산관리, 이상문, 형설출판사

스마트제조공정시스템 매뉴얼, 한정란, 2021, 뷰카텍

ZERO 수직다관절 로봇 사용설명서(문서 번호: M-0101-210524), 2021, 제우스

GX Works2 초급, 2011, 한국미쓰비시전기오토메이션주식회사

스마트공장 데이터를 활용한 X-SCADA, 한정란, 2021, 뷰카텍

웹 사이트

국세청(http://www.nts.go.kr)

금융감독원 금융교육센터(http://edu.fss.or.kr)

금융감독원(http://www.fss.or.kr/)

생명보험협회(http://www.klia.or.kr)

커리어넷(http://www.career.go.kr)

통계청(http://kostat.go.kr/)

한국경제(http://www.hankyung.com)

한국은행(http://www.bok.or.kr)

스마트제조혁신추진단(https://www.smart-factory.kr)

지능형제조융합연구조합(http://www.kidma.or.kr)

한국스마트제조산업협회(http://www.kosmia.or.kr)

한국산업안전보건공단(https://www.kosha.or.kr)

뷰카텍(http://www.vucatech.co.kr)

타키온테크(http://www.tachyontech.co.kr/)

MESA(http://www.mesa.org)

위키백과(https://ko.wikipedia.org/wiki)

사진 및 자료 출처

8쪽: 스마트제조 개요도(스마트제조 국제표준화 로드맵2018, 국가기술표준원, 2018)

9쪽: 스마트공장 개념도(Samjong INSIGHT, Issue55, 2018)

32쪽: RC522 PINOUT / https://www.devicemart.co.kr/goods/view?no=1279308

65쪽: AI Vision 활용 사례 / https://www.gsitm.com

66쪽: ArUco 마커 생성 예시 / https://www.onworks.net/ko/software/app-aruco

4차 산업혁명 시대, 스마트공장 구축을 위한

스마트제조&
공정시스템

(시스템 구성에서부터 X-SCADA 활용까지)

2021년 12월 13일 1판 1쇄 인 쇄
2021년 12월 20일 1판 1쇄 발 행

지 은 이 : 김성곤, 한정란, 유재길 공저
펴 낸 이 : 박정태

펴 낸 곳 : **광 문 각**

10881
경기도 파주시 파주출판문화도시 광인사길 161
광문각 B/D 4층
등 록 : 1991. 5. 31 제12-484호
전 화(代) : 031) 955-8787
팩 스 : 031) 955-3730
E - mail : kwangmk7@hanmail.net
홈페이지 : www.kwangmoonkag.co.kr

ISBN : 978-89-7093-647-5 93560

값: 22,000원